建筑漫游动画
制作中的虚拟现实技术研究

施彦帅 ◎ 著

北京工业大学出版社

图书在版编目（CIP）数据

建筑漫游动画制作中的虚拟现实技术研究 / 施彦帅
著．— 北京：北京工业大学出版社，2018.12（2021.5 重印）
ISBN 978-7-5639-6531-1

Ⅰ．①建… Ⅱ．①施… Ⅲ．①建筑设计－计算机辅助设计－
虚拟现实－研究 Ⅳ．① TU201.4

中国版本图书馆 CIP 数据核字（2019）第 021127 号

建筑漫游动画制作中的虚拟现实技术研究

著　　者: 施彦帅
责任编辑: 安瑞卿
封面设计: 晟　熙
出版发行: 北京工业大学出版社
　　　　　　（北京市朝阳区平乐园 100 号　邮编：100124）
　　　　　　010-67391722（传真）　　bgdcbs@sina.com
出 版 人: 郝　勇
经销单位: 全国各地新华书店
承印单位: 三河市明华印务有限公司
开　　本: 787 毫米×1092 毫米　1/16
印　　张: 8.5
字　　数: 170 千字
版　　次: 2018 年 12 月第 1 版
印　　次: 2021 年 5 月第 2 次印刷
标准书号: ISBN 978-7-5639-6531-1
定　　价: 46.00 元

前　言

21 世纪的中国，经济高速发展，社会已经进入了信息化时代，各行各业都在竞争激烈的市场化经济中努力拼搏，时刻担心自己会被市场淘汰。在竞争激烈的经济中，如果有人问，哪个行业对人们的生活产生着巨大的影响，人们可能会想到很多，但最明显的一个，非房地产行业莫属。如果你走在北京、上海、广州、深圳等全国大城市的大街上，让你能明显感觉到的是那一栋栋拔地而起的高楼大厦，并且正以势不可挡的劲头不停地增高、增多。城市的模样是一天一小变，三天一大变。

房地产行业的高速发展，不但为中国的经济做出了巨大的贡献，而且带动了一大批与之相关的行业的高速发展，如建筑设计行业、装饰行业等。20 世纪 90 年代后期，计算机的数字化技术也被带入房地产行业中。电脑成为建筑设计师、房地产商制作建筑效果图的工具，从此让设计师从庞大而又复杂的手绘工作中解脱出来，使一直使用手绘进行建筑表现的传统做法得到了革命性的发展。为建筑设计师、设计院、房地产商等专门制作建筑效果图的公司也纷纷成立。经过短短几年的发展，这个行业已经发展得相当成熟了，并正在向更加完善与成熟的方向发展。

随着计算机技术与效果图市场突飞猛进的发展，20 世纪 90 年代后期，有人利用计算机三维技术，开始为建筑设计师、设计院与房地产商等制作全三维的建筑浏览动画，将已经在广告、电视、电影中得到充分发展的三维动画技术引入效果图行业，传统的效果图行业有了新的血液，又一次得到了新的飞跃。在三维软件中，人们可以从任何角度观看建筑，打破了效果图只能通过两维的方式展示三维建筑的局面。以三维方式对建筑进行全面的展示，效果将更加生动。大到整个建筑的俯冲鸟瞰，小到微风中的一株草、杨柳岸边的一块石，都能清晰地呈现在观者眼前。优美动态的镜头画面配合或激昂或优雅的主题音乐，观者会在享受艺术大餐的同时很自然地进入理想的建筑群落中。

自从效果图行业出现以来，因其涉及美术、计算机技术等多方面的知识，关于效果图制作的各种教程书籍也层出不穷、不断翻新。各出版社也开始设立专门的关于计算机建筑创作的图书编辑室，专门出版这方面的各类书籍、杂志等。但因研究热度不减，现在市场上这方面的书籍，特别是利用计算机进行效果图创作的书籍已经出现了"泛滥成灾"的局面。

虽然关于效果图制作的书籍非常多，但关于建筑动画的教程却非常少，随着建筑动画的快速发展，正在从事或者想从事这个新兴的而又很有前途的行业的人越来越多，但技术的问题却使许多的从业人员或者想进入此行业的技术人员只能独自摸着石头过河，行业之间的技术交流少之又少。笔者在工作中也经常因为制作技术而"手足无措"，于是暗自下决心，希望能为从事建筑动画制作的同行做出一点自己的贡献，为我们的行业发展献出自己的一点微薄之力。

　　笔者由于是这个行业的最前线的技术制作人员，了解大家最需要哪方面的知识，因此打破了别人写书的传统，为书中的实例制作了一些简单的场景。书中采用的实例全部是已经被客户应用到广告宣传中的优秀动画。笔者希望读者能通过本书真正地学到一些最实用的技术，全面了解专业的建筑动画制作公司现在的动画制作方法和流程。

作　者

2018 年 10 月

目　录

第一章　虚拟现实技术的概述

虚拟现实技术是由美国 VPL 公司创建人拉尼尔在 20 世纪 80 年代初提出的，但在 20 世纪末才兴起的综合性信息技术。作为一项尖端科技，虚拟现实融合了数字图像处理、计算机图形学、多媒体技术、计算机仿真技术、传感器技术、显示技术和网络并行处理等多个信息技术分支，是一种由计算机生成的高技术模拟系统，大大推进了计算机技术的发展。虚拟现实生成的视觉环境是立体的，音效是立体的，人机交互是和谐友好的，改变了人与计算机之间枯燥、生硬和被动地通过鼠标、键盘进行交互的现状。因此，目前虚拟现实技术已经成为计算机相关领域中继多媒体技术、网络技术及人工智能之后备受人们关注及研究、开发与应用的热点，也是目前发展最快的一项多学科综合技术。

第一节　虚拟现实系统的基本概念

一、虚拟现实的定义

虚拟现实的另一个名称为虚拟环境。虚拟现实是人工创作的，由计算机生成的，存在于计算机内部的环境。用户可以通过自然的方式进入此环境，并与环境进行交互，从而产生置身于相应真实环境的虚幻感。

在虚拟现实系统中，环境主要是计算机生成的三维虚拟世界。这种人机交互的环境或者世界通常包括三种情况。

第一种情况是完全对真实世界中的环境进行再现。如虚拟小区对现实小区的虚拟再现、军队中的虚拟战场、虚拟实验室中的各种仪器等，这种真实环境可能已经存在，也可能是已经设计好，但是尚未建成的；还可能是原来完好，现在被破坏的。

第二种情况是完全虚拟的、人类主观构造的环境。如影视制作或电子游戏中，三维动画展现的虚拟世界。此环境完全是虚构的，用户可以参与，并与之进行交互的非真实世界。但它的交互性和参与性不是很明显。

第三种情况是对真实世界中人类不可见的现象或环境进行仿真。如分子结构、各种物理现象等。这种环境是客观存在的真实环境，但是受到人类视觉、听觉的限制不能感应到。

一般情况是以特殊的方式（如放大尺度的形式）进行模仿和仿真，使人能够看到、听到或者感受到，体现科学可视化。

由此，虚拟现实定义为用计算机技术生成一个逼真的三维视觉、听觉、触觉或嗅觉的感官世界，用户可借助一些专业传感设备，如传感头盔、数据手套等，完全融入虚拟空间，成为虚拟环境的一员，实时感知和操作虚拟世界中的各种对象，从而获得置身于相应的真实环境中的虚幻感、沉浸感、身临其境的感觉。在某种角度上，可以把它看成一个更高层次的计算机用户接口技术，通过视觉、听觉、触觉等信息通道来感受设计者的思想。此概念包含三层含义：

（一）环境

虚拟现实强调环境，而不是数据和信息。简言之，虚拟现实不仅重视文本、图形、图像、声音、语言等多种媒体元素，还强调综合各种媒体元素形成的环境效果。它以环境为计算机处理的对象和人机交互的内容，开拓了计算机应用的新思路。

（二）主动式交互

虚拟现实强调的交互方式是通过专业的传感设备来实现的，改进了传统的人机接口形式，即打破传统的人们通过键盘、鼠标、屏幕被动地与计算机交互的方式。用户可以由视觉、听觉、触觉通过头盔显示器、立体眼镜、耳机以及数据手套等来感知和参与。虚拟现实人机接口是完全面向用户来设计的，用户可以通过在真实世界中的行为参与到虚拟环境中。

（三）沉浸感

虚拟现实强调的效果是沉浸感，即使人产生身临其境的感觉。传统交互方式，人被动、间接、非直觉、有限地操作计算机，容易产生疲倦感。而虚拟现实系统通过相关的设备，采用逼真的感知和自然的动作，使人仿佛置身于真实世界，消除了人的枯燥、生硬和被动的感觉，大大提高了工作效率。

二、虚拟现实系统的本质特征

虚拟现实具有三个最突出的特征：沉浸感、交互性和构想性，也是人们熟知的虚拟现实的三个特性。

（一）沉浸感

沉浸感又称临场感，是虚拟现实最重要的技术特征，是指用户借助交互设备和自身感知觉系统，置身于虚拟环境的真实程度。理想的虚拟环境应该使用户难以分辨真假，使用户全身心地投入到计算机创建的三维虚拟环境中，该环境中的一切看上去是真的，听上去是真的，动起来是真的，甚至闻起来、尝起来等一切感觉都是真的，如同在现实世界中。

在现实世界中，人们通过眼睛、耳朵、手指等器官来实现感知。所以，在理想的状态下，虚拟现实技术应该具有一切人所具有的感知功能。即虚拟的沉浸感不仅通过人的视觉和听觉感知，还可以通过嗅觉和触觉等多维地去感受。相应地提出了视觉沉浸、听觉沉浸、触觉沉浸和嗅觉沉浸等，也就对相关设备提出了更高的要求。例如，视觉显示设备需具备分辨力高、画面刷新频率快的特点，并提供具有双目视差、覆盖人眼可视的整个视场的立体图像；听觉设备能够模拟自然声、碰撞声，并能根据人耳的机理提供判别声音方位的立体声；触觉设备能够让用户体验抓、握等操作的感觉，并能够提供力反馈，让用户感受到力的大小、方向等。

（二）交互性

交互性是指用户通过使用专门的输入和输出设备，用人类的自然感知对虚拟环境内物体的可操作程度和从环境得到反馈的自然程度。虚拟现实系统强调人与虚拟世界之间以近乎自然的方式进行交互，即用户不仅通过传统设备（键盘和鼠标等）和传感设备（特殊头盔、数据手套等），还能通过自身的语言、身体的运动等自然技能对虚拟环境中的对象进行操作，而且计算机能够根据用户的头、手、眼、语言及身体的运动来调整系统呈现的图像及声音。例如，用户可以用手去直接抓取虚拟环境中虚拟的物体，不仅有握着东西的感觉，还能感觉物体的重量，视场中被抓的物体也能立刻随着手的移动而移动。

（三）构想性

构想性又称创造性，是虚拟世界的起点。想象力使设计者构思和设计虚拟世界，并体现出设计者的创造思想。所以，虚拟现实系统是设计者借助虚拟现实技术，发挥其想象力和创造性而设计的。比如在建造一座现代化的桥梁之前，设计师要对其结构做细致的构思。传统的方法是极少数内行人花费大量的时间和精力去设计许多量化的图纸。而现在采用虚拟现实技术进行仿真，设计者的思想以完整的桥梁呈现出来，简明生动，一目了然。所以有些学者称虚拟现实为放大或夸大人们心灵的工具，或人工现实，即虚拟现实的想象性。

综上所述，虚拟现实的三个特性——沉浸感、交互性、构想性，生动地说明了虚拟现实对现实世界不仅是对三维空间和一维时间的仿真，而且是对自然交互方式的虚拟。具有这三个特性的完整虚拟现实系统不但让人达到身体上完全的沉浸，而且精神上也是完全地投入其中。

三、虚拟现实系统的组成

根据虚拟现实的基本概念及相关特征可知，虚拟现实技术是融合计算机图形学、智能接口技术、传感器技术和网络技术等综合性的技术。虚拟现实系统应具备与用户交互、实时反映所交互的结果等功能。所以，一般的虚拟现实系统主要由专业图形处理计算机、应用软件系统、数据库和输入输出设备组成。

（一）专业图形处理计算机

计算机在虚拟现实系统中处于核心的地位，是系统的心脏，主要负责从输入设备中读取数据，访问与任务相关的数据库，执行任务要求的实时计算，从而实时更新虚拟世界的状态，并把结果反馈给输出显示设备。由于虚拟世界是一个复杂的场景，系统很难预测所有用户的动作，也就很难在内存中存储所有相应状态，因此虚拟世界需要实时绘制和删除，以至于计算量大大增加，这对计算机的配置提出了极高的要求。

（二）应用软件系统

虚拟现实的应用软件系统是实现虚拟现实技术应用的关键，提供了工具包和场景图，主要完成虚拟世界中对象的几何模型、物理模型、行为模型的建立和管理，三维立体声的生成，三维场景的实时绘制，虚拟世界数据库的建立与管理等。目前在这方面国外的软件较成熟，国内的软件也有一些比较好用的软件，如中视典数字科技有限公司的 VRP 软件等。

（三）数据库

数据库用来存放整个虚拟世界中所有对象模型的相关信息。在虚拟世界中，场景需要实时绘制，大量的虚拟对象需要保存、调用和更新，所以需要数据库对对象模型进行分类管理。

（四）输入设备

输入设备是虚拟现实系统的输入接口，其功能是检测用户的输入信号，并通过传感器输入计算机。基于不同的功能和目的，输入设备除了包括传统的鼠标、键盘外，还包括用于手势输入的数据手套、身体姿态的数据衣、语音交互的麦克风等，以解决多个感觉通道的交互。

（五）输出设备

输出设备是虚拟现实系统的输出接口，是对输入的反馈，其功能是由计算机生成的信息通过传感器传给输出设备，输出设备以不同的感觉通道（视觉、听觉、触觉）反馈给用户。输出设备除了包括屏幕外，还包括声音反馈的立体声耳机、力反馈的数据手套以及大屏幕立体显示系统等。

第二节　虚拟现实系统的分类

根据用户参与和沉浸感的程度，通常把虚拟现实分成 4 大类：桌面虚拟现实系统、沉浸式虚拟现实系统、增强虚拟现实系统和分布式虚拟现实系统。

一、桌面虚拟现实系统

桌面虚拟现实系统基本上是一套基于普通个人计算机平台的小型桌面虚拟现实系统。使用个人计算机或初级图形个人计算机工作站去产生仿真，计算机的屏幕作为用户观察虚拟环境的窗口。用户坐在个人计算机显示器前，戴着立体眼镜，并利用位置跟踪器、数据手套或者 6 个自由度的三维空间鼠标等设备操作虚拟场景中的各种对象，用户可以在 360° 范围内浏览虚拟世界。然而用户是不完全投入的，因为即使戴上立体眼镜，屏幕的可视角也仅仅是 20°～30°，仍然会受到周围现实环境的干扰。有时为了增强桌面虚拟现实系统的投入效果，在桌面虚拟现实系统中还会借助专业的投影机，达到增大屏幕范围和多数人观看的目的。

桌面虚拟现实系统虽然缺乏头盔显示器的投入效果，但已经达到了虚拟现实技术的技术要求，并且其成本相对低很多，所以目前应用较为广泛。例如，高考结束的学生在家里可以参观未来大学里的基础设施，如学校里的虚拟校园、虚拟教室和虚拟实验室等；虚拟小区、虚拟样板房不仅为买房者带来了便利，也为商家带来了利益。桌面虚拟现实系统主要用于计算机辅助设计、计算机辅助制造、建筑设计、桌面游戏、军事模拟、生物工程、航天航空、医学工程和科学可视化等领域。

二、沉浸式虚拟现实系统

沉浸式虚拟现实系统是一种高级、较理想、较复杂的虚拟现实系统。它采用封闭的场景和音响系统将用户的视听觉与外界隔离，使用户完全置身于计算机生成的环境之中，用户通过空间位置跟踪器、数据手套和三维鼠标等输入设备输入相关数据和命令，计算机根据获取的数据测得用户的运动和姿态，并将其反馈到生成的视景中，使用户产生一种身临其境、完全投入和沉浸于其中的感觉。

（一）沉浸式虚拟现实系统的特点

沉浸式虚拟现实系统与桌面虚拟现实系统相比，具有以下特点。

①高度的实时性。即当用户转动头部改变观察点时，空间位置跟踪设备会及时检测并将数据输入计算机，计算机随即进行计算，快速地输出相应的场景。为使场景快速平滑地连续显示，系统必须具有足够小的延迟，包括传感器的延迟、计算机计算延迟等。

②高度的沉浸感。沉浸式虚拟现实系统必须使用户与真实世界完全隔离，不受外界的干扰，依据相应的输入和输出设备，完全沉浸到环境中。

③先进的软硬件。为了提供"真实"的体验，尽量减少系统的延迟，必须尽可能利用先进的、相容的硬件和软件。

④并行处理的功能。这是虚拟现实的基本特性，用户的每一个动作都涉及多个设备的综合应用，如手指指向一个方向并说，"那里"，会同时激活三个设备：头部跟踪器、数据手套及语音识别器。

⑤良好的系统整合性。在虚拟环境中，硬件设备互相兼容，并与软件系统很好地结合，相互作用，构造一个更加灵巧的虚拟现实系统。

沉浸式虚拟现实系统的优点是用户可完全沉浸到虚拟世界中。例如，在消防仿真演习系统中，消防员会沉浸于极度真实的火灾场景中并做出不同反应。但有一个很大的缺点是系统设备尤其是硬件价格相对较高，难以大规模普及推广。

沉浸式虚拟现实主要依赖各种虚拟现实硬件设备，如头盔显示器、舱型模拟器、投影虚拟现实设备和其他的一些手控交互设备等。参与者戴上头盔显示器后，外部世界就被有效地屏蔽在视线以外，其仿真经历要比桌面虚拟现实更可信、更真实。

（二）沉浸式虚拟现实系统的类型

常见的沉浸式虚拟现实系统有头盔式虚拟现实系统、洞穴式虚拟现实系统、座舱式虚拟现实系统、投影式虚拟现实系统和远程存在系统等。

①头盔式虚拟现实系统。它采用头盔显示器实现单用户的立体视觉、听觉的输出，使用户完全沉浸其中。

②洞穴式虚拟现实系统。该系统是一种基于多通道视景同步技术和立体显示技术的房间式投影可视协同环境，可提供一个房间大小的四面（或六面）立方体投影显示空间，供多人参与，所有参与者均完全沉浸在一个被立体投影画面包围的高级虚拟仿真环境中，借助相应虚拟现实交互设备（如数据手套、力反馈装置、位置跟踪器等），从而获得一种身临其境的高分辨率三维立体视听影像和 6 个自由度的交互感受。

③座舱式虚拟现实系统。座舱是一种最为古老的虚拟现实模拟器。当用户进入座舱后，不用佩戴任何现实设备，就可以通过座舱的窗口观看一个虚拟境界。该窗口由一个或多个计算机显示器或视频监视器组成。这种座舱给参与者提供的投入程度类似于头盔显示器。

④投影式虚拟现实系统。该系统采用一个或多个大屏幕投影来实现大画面的立体视觉和听觉效果，使多个用户同时具有完全投入的感觉。

⑤远程存在系统。远程存在是一种远程控制形式，用户虽然与某个真实现场相隔遥远，但可以通过计算机和电子装置获得足够的真实感觉和交互反馈，恰似身临其境，并可以介入对现场进行操作。此系统需要一个立体显示器和两台摄像机生成三维图像，这种图像使操作员观看的虚拟世界更清晰、真实。

三、增强虚拟现实系统

增强虚拟现实系统的产生得益于 20 世纪 60 年代以来计算机图形学技术的迅速发展，是近年来国内外众多知名学府和研究机构的研究热点之一。它是借助计算机图形技术和可视化技术产生现实环境中不存在的虚拟对象，并通过传感技术将虚拟对象准确"放置"在真实环境中，借助显示设备将虚拟对象与真实环境融为一体，并给用户呈现一个感官效果真实的新环境。因此增强虚拟现实系统具有虚实结合、实时交互和三维注册的新特点。即把真实环境和虚拟环境组合在一起的一种系统，它既能使用户看到真实世界，又能使用户看到叠加在真实世界的虚拟对象，这种系统既可减少对构成复杂真实环境的计算，又可对实际物体进行操作，能真正达到亦真亦幻的境界。

常见的增强虚拟现实系统主要包括基于台式图形显示器的系统、基于单眼显示器的系统、基于光学透视式头盔显示器的系统、基于视频透视式头盔显示器的系统。

增强虚拟现实系统的最大特点不是把用户与真实世界隔离，而是将真实世界和虚拟世界融为一体，用户可以与两个世界进行交互，工作更加方便。例如，工程技术人员在进行机械安装、维修、调试时，通过头盔显示器，可以将原来不能呈现的机器内部结构以及它的相关信息、数据完全呈现出来，并按照计算机（移动计算机）的提示进行工作，解决技术难题。工作变得非常方便、快捷、准确，摒弃了以前需要带着大量笨重的资料在身边，边工作边查阅的落后方法。

增强现实是在虚拟环境与真实世界之间架起的一座桥梁。因此，增强现实的应用潜力相当巨大，在尖端武器、飞行器的研制与开发，数据模型的可视化，虚拟训练以及娱乐与艺术等领域具有广泛的应用，而且由于其具有能够对真实环境进行增强显示输出的特性，在医疗研究与解剖训练、精密仪器制造和维修、军用飞机导航、工程设计和远程机器人控制等领域具有比其他虚拟现实技术更加明显的优势。

四、分布式虚拟现实系统

分布式虚拟现实系统的研究开发工作可追溯到 20 世纪 80 年代初。到了 20 世纪 90 年代，一些著名大学和研究所的研究人员也开展了对分布式虚拟现实系统的研究工作，并陆续推出了多个实验性分布式虚拟现实系统或开发环境。

分布式虚拟现实系统是一个基于网络的可供异地多用户同时参与的分布式虚拟环境。在这个环境中，位于不同物理环境位置的多个用户或多个虚拟环境通过网络相连接。多个用户同时参加一个虚拟现实环境，通过计算机与其他用户进行交互，共享信息，并对同一虚拟世界进行观察和操作，以达到协同工作的目的。

（一）分布式虚拟现实系统具有的特征

①共享的虚拟工作空间；
②伪实体的行为真实感；
③支持实时交互，共享时钟；
④多个用户以多种方式相互通信；
⑤资源信息共享以及允许用户自然操作环境中的对象。

分布式虚拟现实系统是基于网络的虚拟环境，在这个环境中，位于不同物理环境位置的多个用户或多个虚拟环境通过网络相连接。根据分布式系统环境下所运行的共享应用系统的个数，可把分布式虚拟现实系统分为集中式结构和复制式结构两种。

集中式结构是只在中心服务器上运行一份共享应用系统，中心服务器的作用是对多个参与者的输入输出操作进行管理，允许多个参与者信息共享。它的特点是结构简单，容易实现，但对网络通信带宽有较高的要求，并且高度依赖中心服务器。

复制式结构是在每个参与者所在的机器上复制中心服务器，这样每个参与者进程都有一份共享应用系统。服务器接收来自其他工作站的输入信息，并把信息传送到运行在本地机上的应用系统中，由应用系统进行所需要的计算并产生必要的输出。它的优点是对网络通信宽带的要求较低。另外，由于每个参与者只与应用系统的局部备份进行交互，因此交互式响应效果好。但它比集中式结构复杂，在维护共享应用系统的多个备份的信息或状态一致性方面比较困难。

（二）分布式虚拟现实系统的设计与实现必须考虑的因素

①网络带宽的发展。网络带宽是虚拟世界大小和复杂度的一个决定因素。当用户增加时，网络的延迟就会明显，带宽的需求也随之增加。

②先进的硬件设备和软件技术。为了减少数据传输的延迟，实现实时操作，增强真实感，必须采用兼容的先进的硬件设备。如改进路由器和交换技术、使用快速交换接口和对计算机进行硬件升级。

③分布机制。分布机制直接影响系统的可扩充性。常用的消息发布方法为广播、多播和单播。其中，多播机制允许任意大小的组在网上进行通信，它能为远程会议系统和分布式仿真应用系统提供一对多和多对多的消息发布服务。

④可靠性。在对增加通信带宽和减少通信延迟这两方面进行折中时，应考虑通信的可靠性问题。可靠性是能够顺利通信的保证之一，它由具体的应用需求来决定。有些协议有较高的可靠性，但传输速度慢，反之亦然。

目前，分布式虚拟现实系统在远程教育、科学计算可视化、工程技术、建筑、电子商务、交互式娱乐和艺术等领域都有着极其广泛的应用前景。利用它可以创建多媒体通信，设计协作系统、网络游戏等。

第三节　虚拟现实技术的发展和研究现状

一、虚拟现实技术的发展历程

计算机技术的发展促进了多种技术的飞速发展。虚拟现实技术跟其他技术一样，由于技术的要求和市场的需求也随即发展起来。在这个漫长的过程中，主要经历了以下三个阶段。

（一）20世纪50年代至70年代，虚拟现实技术的探索阶段

1956年，在全息电影技术的启发下，美国电影摄影师莫顿·海利格开发了第一个虚拟现实视频系统，它是一个多通道体验的显示系统。用户通过它可以感知到事先录制好的体验，包括景观、声音和气味等。1960年，该系统获得了美国专利，它与20世纪90年代的头盔式显示器非常相似，只能供一个人观看，具有多种感官刺激的立体显示效果。

1965 年，计算机图形学的奠基者美国科学家伊凡·苏泽兰特博士在国际信息处理联合会大会上提出了"终极的显示"的概念，首次提出了全新的、富有挑战性的图形显示技术，即不通过计算机屏幕这个窗口来观看计算机生成的虚拟世界，而是使观察者直接沉浸在计算机生成的虚拟世界中，就像生活在客观世界中。观察者随意转动头部与身体，其所看到的场景就会随之发生变化，也可以用手、脚等部位以自然的方式与虚拟世界进行交互，虚拟世界会产生相应的反应，使观察者有一种身临其境的感觉。

1968 年，伊凡·苏泽兰特使用两个可以戴在眼睛上的阴极射线管研制出了第一个头盔式显示器。20 世纪 70 年代，他在原来的基础上把模拟力量和触觉的力反馈装置加入系统中，研制出了一个功能较齐全的头盔式显示器系统。该显示器使用类似于电视机显像管的微型阴极射线管和光学器件，为每只眼镜显示独立的图像，并提供与机械或超声波跟踪器的接口。

1976 年，麦隆·克鲁格完成了"影像场地"原型，使用摄像机和其他输入设备创建了一个由参与者动作控制的虚拟世界。

（二）20 世纪 80 年代初期至中期，虚拟现实技术从实验室走向实用阶段

20 世纪 80 年代，美国的 VPL 公司创始人拉尼尔正式提出了"虚拟现实"一词。当时，研究此项技术的目的是提供一种比传统计算机模拟更好的方法。

1984 年，美国国家航空航天局研究中心虚拟行星探测实验室开发了用于火星探测的虚拟世界视觉显示器，将火星探测器发回的数据输入计算机，帮助地面研究人员构造火星表面的三维虚拟世界。

（三）20 世纪 80 年代末至今，虚拟现实技术高速发展的阶段

1996 年 10 月 31 日，世界上第一个虚拟现实技术博览会在伦敦开幕。全世界的人们可以通过因特网坐在家中参观这个没有场地，没有工作人员，没有真实展品的虚拟博览会。

1996 年 12 月，世界上第一个虚拟现实环球网在英国投入运行。因特网用户可以在一个由立体虚拟现实世界组成的网络中遨游，身临其境般地欣赏各地风光、参观博览会和在大学课堂听讲座等。

目前，迅速发展的计算机硬件技术与不断改进的计算机软件系统极大地推动了虚拟现实技术的发展，使基于大型数据集合的声音和图像的实时动画制作成为可能，人机交互系统的设计不断创新，很多新颖、实用的输入输出设备不断地出现在市场上，为虚拟现实系统的发展打下了良好的基础。

二、国外虚拟现实技术的研究现状

美国是虚拟现实技术研究的发源地，其研究水平基本就代表了国际虚拟现实发展的水平。近年来，虚拟现实在美国航空航天和军事领域的若干成功应用获得了巨大经济效益和社会效益，促使美国政府进一步加大对虚拟现实技术研究的支持力度。

在军事领域，虚拟现实在武器系统的性能评价和设计、操纵训练和大规模军事演习及战役指挥方面发挥了重要作用，并产生了巨大的经济效益。美国已初步建成了一些洲际范围的分布式虚拟环境，并将有人操纵和半自主兵力引入虚拟的战役空间，在世界上处于领先地位。

美国空军技术研究所主要研究人类因素的检测、计算机图形学以及与大规模分布综合环境应用有关的人机交互问题，尤其是研究培养实际操作人员的环境。其目标是在大规模、复杂的环境中，活动者能够在明确的目标的驱动下，主动采取行动。海军研究生院图形和图像实验室主要研究基于网络化虚拟环境的交互仿真开发低价格模拟器。目前正在研制一种便宜、实时网络化的飞行模拟器。美国陆军研究所从事虚拟环境的行为科学和计算机科学两方面的研究，并在仿真电子战场的应用中发挥着重要作用。密西根大学承担了"腾飞计划"项目，这一计划将使美国国防部在虚拟战役仿真中具备时态推理能力、多目标管理和传感能力，管理和操纵虚拟兵力的人将减至最少。

在航天领域，美国国家航空航天局已经建立了航空、卫星维护虚拟现实训练系统，空间站虚拟现实训练系统，并且建立了可供全国使用的虚拟现实教育系统。北卡罗来纳大学是进行虚拟现实研究最早的大学，主要研究分子建模、航空驾驶、外科手术仿真和建筑仿真等。乔治梅森大学研制出一套在动态虚拟环境中的流体实时仿真系统。施乐公司研究中心在虚拟现实领域主要从事利用虚拟现实技术建立未来办公室的研究，并努力设计一项基于虚拟现实使数据存取更容易的窗口系统。波音公司的波音 777 运输机采用全无纸化设计，利用开发的虚拟现实系统将虚拟环境叠加于真实环境之上，把虚拟的模板显示在正在加工的工件上，工人根据此模板控制待加工尺寸，从而简化加工过程。

在欧洲，英国在虚拟现实开发的某些方面，特别是分布并行处理、辅助设备（包括触觉反馈）设计和应用研究方面是领先的。英国 Bristol 公司发现，虚拟现实应用的交点应集中在整体综合技术上，该公司在软件和硬件的某些领域处于领先地位。英国 ARRL 公司关于远地呈现的研究实验，主要包括虚拟现实重构问题，其产品还包括建筑和科学可视化计算。

欧洲其他一些较发达的国家如荷兰、德国和瑞典等也积极进行虚拟现实的研究与应用。瑞典的分布式虚拟交互环境是一个不同节点上的多个进程可以在同一个世界中工作的异质分布式系统。

荷兰海牙 TNO 研究所的物理电子实验室开发的训练和模拟系统，通过改进人机界面来改善现有的模拟系统，以使用户完全介入模拟环境。

德国在虚拟现实的应用方面取得了出乎意料的成果。在改造传统产业方面，一是用于产品设计、降低成本，避免新产品开发的风险；二是用于产品演示，吸引客户争取订单；三是用于培训，在新生产设备投入使用前，用虚拟工厂来提高工人的操作水平。

日本的虚拟现实技术的发展在世界相关领域的研究中同样具有举足轻重的地位，它在建立大规模虚拟现实知识库和虚拟现实的游戏方面取得了很大的成就。

日本电气股份有限公司开发了一种虚拟现实系统，借助代用手来处理计算机辅助设计中的三维形体模型，通过数据手套把对模型的处理与操作者的手联系起来；东京大学的高级科学研究中心的研究重点主要集中在远程控制方面，最近的研究项目是可以使用户控制远程摄像系统和一个模拟人手的随动机械人手臂的主从系统；东京大学广濑研究室重点研究虚拟现实的可视化问题，他们正在开发一种虚拟全息系统，用于克服当前显示和交互作用技术的局限；日本奈良先端科学技术研究生院教授千原国宏领导的研究小组于2004年开发出一种嗅觉模拟器，只要用户把虚拟空间里的水果放到鼻尖上一闻，装置就会在鼻尖处放出水果的香味，这是虚拟现实技术在嗅觉研究领域的一项突破。

除了前面所提到的使用相关设备而实现的虚拟现实外，近几年流行的3D街画也是一种虚拟现实。3D街画使用彩色粉笔或者蜡笔作画，所以又称作粉笔画、3D街面粉质画。它是一种极具视觉冲击的变形艺术，利用特殊的透视原理，使用复杂的几何作画，通过彩笔勾擦揉抹，产生清新明丽、丰富细腻的色彩效果，可以在街头地面或墙面上创造出逼真虚拟的复杂的场景物体，也可以精细入微地刻画形象的质地肌理。站在特定的角度位置可以达到以假乱真的感官效果。3D街画被国家地理杂志誉为一种全新的艺术形式。

三、国内虚拟现实技术的研究现状

我国虚拟现实技术研究起步较晚，与发达国家还有一定的差距。随着计算机图形学、计算机系统工程等技术的高速发展，虚拟现实已得到国家有关部门和科学家的高度重视。根据我国的国情，"九五"规划、国家自然科学基金委员会、国家高技术研究发展计划已将虚拟现实技术的研究列为重点研究项目。国内许多研究机构和高校也都在进行虚拟现实的研究和应用，并取得了一些不错的研究成果。目前，我国虚拟现实技术已经在城市规划、教育培训、文物保护、医疗、房地产、因特网、勘探测绘、生产制造和军事航天等数十个重要的行业得到广泛的应用。

北京航空航天大学计算机系是国内最早进行虚拟现实研究、最有权威的单位之一，其虚拟实现与可视化新技术研究室集成了分布式虚拟环境，可以提供实时三维动态数据库、虚拟现实演示环境、用于飞行员训练的虚拟现实系统等，并着重研究虚拟环境中物体物理特性的表示与处理；在虚拟现实中的视觉接口方面开发出了部分硬件，并提出有关算法及实现方法等。

清华大学国家光盘工程研究中心所做的"布达拉宫"可以实现大全景虚拟现实系统。

浙江大学计算机辅助设计与图形学国家重点实验室开发了一套桌面型虚拟建筑环境实时漫游系统，还研制出了在虚拟环境中一种新的快速漫游算法和一种递进网格的快速生成算法。

哈尔滨工业大学计算机系已经成功地合成人的高级行为中的特定人脸图像，解决了表情的合成和唇动合成技术问题，并正在研究人说话时手势和头部的动作、语音和语调的同步等。

武汉理工大学智能制造与控制研究所主要研究使用虚拟现实技术进行机械虚拟制造，包括虚拟布局、虚拟装配和产品原型快速生成等。

西安交通大学系统工程研究所对虚拟现实中的立体显示这一关键技术进行了研究。在借鉴人类视觉特性的基础上提出了一种基于 JPEG 标准压缩编码新方案，并获得了较高的压缩比、信噪比以及解压速度，并且已经通过实验证明了这种方案的优越性。

北方工业大学 CAD 研究中心是我国最早开展计算机动画研究的单位之一。它关于虚拟现实的研究已经完成了两个"863"项目，完成了虚拟现实图像处理与演示系统的多媒体平台及相关的音频资料库的制作等。

另外，北京邮电大学自动化学院、上海交通大学图像处理与模式识别研究所、长沙国防科技大学计算机研究所、华东船舶工业学院计算机系、安徽大学电子工程与科学系等单位也进行了一些研究工作和尝试。

除了高等学府对此的研究外，我国在最近几年涌现出许多从事虚拟现实技术的公司。

中视典数字科技有限公司是从事虚拟现实与仿真、多媒体技术、三维动画研究与开发的专业机构，是国际领先的虚拟现实技术整体解决方案供应商和相关服务提供商，2006年入选中国软件自主创新 100 强企业行列，提供的产品有虚拟现实编辑器、数字城市仿真平台、物理模拟系统、三维网络平台、工业仿真平台、旅游网络互动教学创新平台系统、三维仿真系统开发包以及多通道环幕立体投影解决方案等，能够满足不同领域不同层次的客户对虚拟现实的需求。目前已有超过 300 所重点理工科和建筑类院校采购了该公司虚拟现实平台及其相关硬件产品，例如清华大学电机系、上海同济大学建筑学院、中国传媒大学动画学院、天津大学水利工程学院、青岛海洋大学、武汉理工大学和山东理工大学等。

北京阳光中图数字科技技术有限公司以计算机三维图形技术为核心，业务范围涵盖图形仿真、地质学工程三维仿真、地理三维可视化城市信息统计应用、地理资源三维建模与资源管理、虚拟现实、三维动画及多媒体信息产业等应用领域。

北京优联威迅科技发展有限责任公司以清华大学工业系仿真实验室雄厚的技术开发实力为基础，以开发和制作适合中国虚拟仿真市场的仿真系统解决方案和适于推广的可视化软件平台为主要方向，立志创造中国虚拟仿真软硬件的旗帜名牌。公司现已独立研发了数据手套、虚拟环境的力反馈等系统，并成功研发了中国第一套动作捕捉系统，填补了国内空白，成绩丰硕，已成为用户在中国仿真界中首选的理想合作企业。

伟景行科技集团是业界领先的三维可视化和专业显示技术开发及服务机构，由伟景行数字城市科技有限公司、伟景行数字科技有限公司以及清华规划院数字城市研究所三大机构组成，他们各自的主要研究领域分别为数字城市可视化、虚拟仿真模拟和专业大屏幕显示。

厦门创壹软件有限公司主要致力于互联网络三维动态交互软件平台的研制、开发、运用与推广，累积近 20 年国内外最先进的虚拟现实技术的科研经验，以英国、新加坡各大院校及相关研究机构的技术背景为依托，拥有完全自主知识产权的创壹在线虚拟现实系统引擎。该引擎具有完全的交互性、逼真、可扩展和操作简单等特点。目前该公司已经拥有多套成熟且广泛应用的虚拟现实系列产品，如创壹虚拟教学培训系统、创壹虚拟数控机床培训系统、创壹虚拟桥吊实训系统、创壹虚拟现实展示系统等，这些产品都得到了用户的高度赞扬。

四、虚拟现实技术的发展趋势

虚拟现实技术的实质是构建一种人为的能与之进行自由交互的"世界"，在这个"世界"中参与者可以实时地探索或移动其中的对象。沉浸式虚拟现实是最理想的追求目标。但虚拟现实相关技术研究遵循"低成本、高性能"原则，桌面虚拟现实是较好的选择。因此，根据实际需要，未来虚拟现实技术的发展趋势为两个方面。一方面是朝着桌面虚拟现实发展。目前已有数百家公司正在致力于桌面级虚拟现实的开发，其主要用途是商业展示、教育培训及仿真游戏等。由于互联网的迅速发展，网络化桌面级虚拟现实也将随之诞生。另一方面是朝着高性能沉浸式虚拟现实发展。在众多高科技领域如航空航天、军事训练和模拟训练等，由于各种特殊要求，需要完全沉浸在环境中进行仿真试验。

这两种类型的虚拟现实系统的未来发展主要在建模与绘制方法、交互方式和系统构建等方面提出了新的要求，表现出一些新的特点和技术要求，主要表现在以下方面。

（一）动态环境建模技术

虚拟环境的建立是虚拟现实技术的核心内容，动态环境建模技术主要用于获取实际环境的三维数据，并根据需要建立相应的虚拟环境模型。

（二）实时三维图形生成和显示技术

三维图形的生成技术已比较成熟，而关键是如何"实时生成"，在不降低图形的质量和复杂程度的前提下，如何提高刷新频率将是今后重要的研究内容。此外，虚拟现实还依赖立体显示和传感器技术的发展，现有的虚拟设备还不能满足系统的需要，有必要开发新的三维图形生成和显示技术。

（三）新型人机交互设备的研制

虚拟现实技术能使人自由地与虚拟世界对象进行交互，犹如身临其境，借助的输入输出设备主要有头盔显示器、数据手套、数据衣服、三维位置传感器和三维声音产生器等。但在实际应用中，它们的效果并不理想，因此，新型、便宜、鲁棒性优良的数据手套和数据服将成为未来研究的重要方向。

（四）智能化语音虚拟现实建模

虚拟现实建模是一个比较繁复的过程，需要大量的时间和精力。如果将虚拟现实技术与智能技术、语音识别技术结合起来，可以很好地解决这个问题。将对模型的属性、方法和一般特点的描述通过语音识别技术转化成建模所需要的数据，然后利用计算机的图形处理技术和人工智能技术进行设计、导航以及评价，将模型用对象表示出来，并且将各种基本模型静态或动态地连接起来，最终形成系统模型。

人工智能一直是业界的难题，人工智能在各个领域都十分有用，在虚拟世界也大有用武之地，良好的人工智能系统对减少乏味的人工劳动具有非常积极的作用。

（五）网络分布式虚拟现实技术的研究与应用

分布式虚拟现实是今后虚拟现实技术发展的重要方向。随着众多分布式虚拟现实开发工具及其系统的出现，分布式虚拟现实系统本身的应用也渗透到各行各业，包括医疗、工程、训练与教学以及协同设计。近年来，随着互联网应用的普及，一些面向互联网的分布式虚拟现实应用使得位于世界各地的多个用户可以进行协同工作。将分散的虚拟现实系统或仿真器通过网络连接起来，采用协调一致的结构、标准、协议和数据库，形成一个在时间和空间上互相耦合的虚拟合成环境，参与者可自由地进行交互作用。特别是在航空航天中应用价值极为明显，因为国际空间站的参与国分布在世界不同区域，分布式虚拟现实训练环境不需要在各国重建仿真系统，这样不仅减少了研制费用和设备费用，还减少了人员出差的费用，避免了异地生活的不适。在我国"863"计划的支持下，北京航空航天大学、杭州大学、中国科学院计算技术研究所、中国科学院软件研究所和装甲兵工程学院等单位共同开发了一个分布虚拟环境基础信息平台，为我国开展分布式虚拟现实的研究提供了必要的网络平台和软硬件基础环境。

第四节　虚拟现实技术在各领域中的应用

一、虚拟现实技术在推演仿真中的应用

现代社会的信息化促使社会生产力水平高速发展，人类在许多领域不断地遇到前所未有的困难。如新武器系统在内的大型产品的设计研制、医疗手术的模拟与训练等。如果按传统方法解决这些难题，必然要花费巨额资金，投入巨大的人力，消耗过长的时间，甚至要承担人员伤亡的风险。虚拟现实技术为这些难题提供了一种全新的解决方式，采用虚拟场景来模拟实际的应用情景，让使用者如同身临其境一般，可以及时、没有限制地观察三维空间内的事物，甚至可以人为地制造各种事故情况，训练参演人员做出正确响应。这样的推演大大降低了投入成本，提高了推演实训效率，保证了人们面对事故灾难时的应对技能，并且可以打破空间的限制组织各地人员进行推演。虚拟演练具有如下优势。

①仿真性。虚拟演练环境是以现实演练环境为基础搭建的，操作规则同样立足于现实中实际的操作规范，理想的虚拟环境甚至可以达到使演练人员难辨真假的程度。

②开放性。虚拟演练打破了演练空间上的限制，演练人员可以在任意的地理环境中进行分布式演练，身处异地的演练人员可以通过网络通信设备进入同一虚拟演练场所进行分

布交互演练。

③针对性。与现实中的真实演练相比，虚拟演练的一大优势就是可以方便地模拟任何情景，将演练人员置于各种复杂、突发的环境中，将现实中较少发生的危险状况模拟出来，从而进行针对性训练，提高演练人员自身的应变能力与相关处理技能。

④自主性。借助虚拟演练系统，各单位可以根据自身实际需求在任何时间、任何地点组织演练，并快速取得演练结果，进行演练评估和改进。演练人员也可以自发地进行多次重复演练，由于掌握演练主动权，演练效果大大提高。

⑤安全性。在一些具有危险性的培训和训练中，虚拟的演练环境远比现实中安全，演练人员可以在虚拟环境中尝试各种演练方案，短期内反复操作以至熟练掌握，而不会面临任何实际危险，并且可以规避因误操作带来的一切风险。这样，演练人员可以卸去事故隐患的包袱，尽可能专心地进行演练，从而大幅地提高自身的技能水平，确保在今后实际操作中的人身安全。

典型应用如一汽丰田汽车有限公司与上海曼恒数字技术股份有限公司联手打造了丰田汽车虚拟培训中心，结合动作捕捉高端交互设备及 3D 立体显示技术，为培训者提供一个和真实环境完全一致的虚拟环境。培训者可以在这个具有真实沉浸感与交互性的虚拟环境中，通过人机交互设备和场景里所有物件进行交互，体验实时的物理反馈，进行多种实验操作。模拟与训练一直是军事与航天工业中的一个重要课题，这为虚拟现实技术提供了广阔的应用前景。另外利用虚拟现实技术，可模拟零重力环境，改进现在非标准的水下训练宇航员的方法。

又如在传统的军事实战演习中，特别是大规模的军事演习，不但耗资巨大，安全性较差，而且很难在实战演习条件下改变战斗状况来反复进行各种战场势态下的战术和决策研究。现在，使用计算机，应用虚拟现实技术进行现代化的实验室作战模拟，能够像物理学、化学等学科一样，在实验室里操作，模拟实际战斗过程和战斗过程中出现的各种现象，能够增加人们对战斗的认识和理解，为有关决策部门提供定量的信息。在实验室中进行战斗模拟，首先要确定目的，然后设计各种试验方案和各种控制因素的变化，最后士兵再选择不同的角色控制进行各种样式的作战模拟试验。例如，研究导弹舰艇和航空兵攻击敌方舰艇编队的最佳攻击顺序、兵力数量和编成时，实兵演习和图上推演不可能得到有用的结果和可靠的结论，但可以通过方案和各种因素的变化建立数学模型，在计算机上模拟各种作战方案和对抗过程，研究对比不同的攻击顺序，以及双方兵力编成和数量，可以迅速得到双方损失情况、武器作战效果、弹药消耗等一系列有用的数据。

虚拟军事训练和演习不仅能不动用实际装备而使受训人员具有身临其境之感，还可以任意设置战斗环境背景，让作战人员进行不同作战环境、不同作战预案的重复训练，使作战人员迅速积累丰富的作战经验，同时不担任何风险，大大提高了部队训练效果。

虚拟现实技术可以为武器设计研制提供具有先进设计思想的设计方案，使用计算机仿真武器，并进行性能的评价，可以得到最佳性价比的仿真武器。此过程能缩短武器研制的制作周期，节约不必要的开支，降低成本，提高武器的性价比。

二、虚拟现实技术在产品设计与维修中的应用

当今世界工业已经发生了巨大变化，大规模人海战术已不适应工业的发展，先进科学技术的应用显现出巨大的威力，特别是虚拟现实技术的应用正对工业进行着一场前所未有的革命。虚拟现实技术已经被世界上一些大型企业广泛地应用到工业的各个环节，对企业提高开发效率，提高数据采集、分析、处理能力，减少决策失误，降低企业风险起到了重要的作用。在设计领域，虚拟现实技术涵盖了建造、维护、设备使用、客户需求等传统设计方法无法实现的领域，真正做到了产品的全寿期服务。虚拟现实技术的引入，使工业设计的手段和思想发生了质的飞跃，更加符合社会发展的需要，大大缩短了设计周期，提高了市场的反应能力。

虚拟维修是以虚拟现实技术为依托，在由计算机生成的、包含了产品数字样机与维修人员 3D 人体模型的虚拟场景中，为达到一定的目的，通过驱动人体模型，或者采用人在回路的方式来完成整个维修过程仿真、生成虚拟的人机互动过程的综合性应用技术。目的是通过采用计算机仿真和虚拟现实技术在计算机上真实展现装备的维修过程，提高装备寿命周期各阶段关于维修的各种决策能力，包括维修性设计分析、维修性演示验证、维修过程核查、维修训练实施等。虚拟维修可以实现逼真的设备拆装、故障维修等操作，提取生产设备的已有资料、状态数据，检验设备性能，还可以通过仿真操作过程，确定维修工具的选择、设备部件拆卸的顺序，预测维修作业所需的空间、费用。虚拟维修是虚拟现实技术在设备维修中的应用，突破了设备维修在空间和时间上的限制，具有灵活、高效、经济的特点，可以从多部位多视角观察、重复再现维修过程，甚至进行分布协同，并能方便地更改维修计划和样机方案、实现资源共享，尤其适合人不便进入的场所，如飞机、舰船、装甲车辆、导弹等弹舱和仪器舱，以及核电站等不安全区域中设备的维修预演和仿真。

三、虚拟现实技术在城市规划中的应用

目前常用的规划建筑设计表现方法主要包括建筑沙盘模型、建筑效果图和三维动画。各自存在的不足之处：制作建筑沙盘模型需要经过大比例尺缩小的过程，因此只能获得建筑的鸟瞰形象；建筑效果图只能提供静态局部的视觉体验；三维动画虽有较强的 5 维表现力，但不具备实时的交互能力，人只是被动地沿着既定的观察路线进行观察。虚拟现实系统的沉浸感和互动性不但能够给用户带来强烈、逼真的感官冲击，使其获得身临其境的体验，还能让用户在一个虚拟的三维环境中，用动态交互的方式对未来的规划建筑或城区进行身临其境的全方位的审视。该系统可以选择多种运动模式，如行走飞翔，并可以自由控制浏览的路线；而且在漫游过程中，可以实现多种设计方案、多种环境效果的实时切换比较；还可以通过其数据接口在实时的虚拟环境中随时获取项目的数据资料，方便大型复杂工程项目的规划、设计、投标、报批、管理，有利于设计与管理人员对各种规划设计方案

进行辅助设计与方案评审。虚拟现实技术所建立的虚拟环境由基于真实数据建立的数字模型组合而成，严格遵循工程项目设计的标准和要求对规划项目进行真实的"再现"。用户在三维场景中任意漫游，人机交互，这样很多不易察觉的设计缺陷能够轻易地被发现，可以减少由于事先规划不周全而造成的无可挽回的损失与遗憾，提高项目的评估质量。运用虚拟现实系统，可以很轻松随意地对方案设计进行修改，改变建筑高度，改变建筑外立面的材质、颜色，改变绿化密度，只要修改系统中的参数即可，从而可以加快和保证方案设计的速度和质量，提高方案设计和修正的效率，节省大量的资金。

虚拟现实技术能够使政府规划部门、项目开发商、工程人员及公众从任意角度，实时互动真实地看到规划效果，更好地掌握城市的形态和理解规划师的设计意图，这是传统手段如平面图、效果图、沙盘乃至动画等所不能达到的。对于公众关心的大型规划项目，在项目方案设计过程中，可以通过虚拟现实系统将现有的方案导出为视频文件用来制作多媒体资料，并予以一定程度的公示，让公众真正地参与到项目中来。当项目方案最终确定后，也可以通过视频输出制作多媒体宣传片，进一步提高项目的宣传展示效果。

四、虚拟现实技术在娱乐与艺术方面的应用

三维游戏既是虚拟现实技术重要的应用之一，也为虚拟现实技术的快速发展起了巨大的需求牵引作用。尽管存在众多的技术难题，虚拟现实技术在竞争激烈的游戏市场中还是得到了越来越多的重视和应用。可以说，电脑游戏自产生以来，一直都在朝着虚拟现实的方向发展，虚拟现实技术已经成为三维游戏工作者的崇高追求。从最初的文字多用户虚拟空间游戏，到二维游戏、三维游戏，再到网络三维游戏，游戏在保持其实时性和交互性的同时，逼真度和沉浸感正在一步步地提高和加强。

当前最为火爆的网络二维游戏《魔兽世界》是著名的游戏公司暴雪娱乐制作的一款大型多人在线角色扮演游戏。它具有上百个场景，场面制作豪华。整个画面精致，玩家在玩游戏的同时还可以欣赏到瑰丽的景色，景色会随着时间而变化。除此之外，制作人员非常注重细节的雕琢，如牛头人在静止不动时会感到瘙痒；路边的怪物狼见到旁边的兔子会奔过去猎食；购买装备可以在试衣间试穿等。完美的设计让游戏者完全沉浸于游戏的乐趣之中。除了精致的画面外，游戏也注重丰富的感觉能力与 3D 显示，因此虚拟现实的硬件设备也成为理想的视频游戏工具。目前，迪士尼等大企业都投入了大量资金和精力，用于创造营利性的计算机游戏。另外，在家庭娱乐方面虚拟现实技术也显示出了很好的前景。

作为传输显示信息的媒体，虚拟现实技术在艺术领域方面也有广阔的应用前景。虚拟现实技术所具有的临场参与感与交互能力可以将静态的艺术（如油画、雕刻等）转化为动态形式，可以使观赏者更好地欣赏作者的作品。另外，虚拟现实技术提高了艺术表现能力，如一个虚拟的音乐家可以演奏各种各样的乐器，手足不便的人或远在外地的人可以在自己生活的居室中去虚拟的音乐厅欣赏音乐会等。李怀骥在《虚拟现实艺术：形而上的终极再创造》一文中引用保罗的观点：对于当代艺术而言，虚拟现实技术不仅影响和改变着既有

的艺术传承和艺术生产方式，还动态地开辟了另一维超现实空间——"虚拟现实空间"，该空间在与艺术家相互作用、影响的过程中所产生的人机共生的无限潜能，超出了艺术家的主体经验，并且正在以最具生产力的方式扩展着艺术生产和再生产的领地，虚拟现实空间由此将成为未来艺术新的栖居地。

艺术家通过对虚拟现实、人工现实等技术的应用，可以采用更为自然的人机交互手段控制作品的形式，塑造出更具沉浸感的艺术环境和实现真实情况下不能实现的梦想，并赋予创造的过程以新的含义。如具有虚拟现实性质的交互装置系统可以设置观众穿越多重感官的交互通道；艺术家可以借助软件和硬件的顺畅配合来促进参与者与作品之间的沟通与反馈，创造良好的参与性和可操控性，也可以通过视频界面进行动作捕捉，储存访问者的行为片段，以保持参与者的意识增强性为基础，同步放映重新塑造、处理过的影像；增强现实、混合现实等形式，将数字世界和真实世界结合在一起，观众可以通过自身动作控制投影的文本，可移动的场景、360°旋转的球体空间不仅增强了作品的沉浸感，还可以使观众进入作品的内部观察它，甚至赋予观众参与再创造的机会。

典型应用如三维《清明上河图》，它以全三维的形式构造了一幅完美的虚拟场景，场景不只是复原几个世纪以前的汴京面貌，更可以将整个场景放在网页浏览器上供大家访问，让世界各地的每一个人都有机会进入三维场景，并且每个人可以将选定的角色作为化身，在里面漫步并与计算机人物和他人互动，亲历宋朝的繁荣景象，了解北宋的城市面貌和当时各阶层人们的生活。通过选择北宋时期真实的人物角色，游客可以以最真实的化身到这个数字化的虚拟世界中控制人物，按自己的意愿游览，非常直观地以不同角度去观看这个历史世界。当游览的人越来越多，游客们彼此间更可进行直接的交流，一起走动并对建筑物及各种商业活动做出反应，对当时的历史风貌加以讨论。

三维立体电影是虚拟现实技术的又一重要应用之一，是结合虚拟现实技术拍摄的电影。拍摄时，首先在拍摄前期，立体摄影师结合故事情节创作一个"深度脚本"。深度脚本是立体电影创作意图的展示手段，是拍摄的依据，它决定了每个场景的立体景深，对于制作舒适、清晰的立体画面、镜头和帧序列起到了很重要的作用。拍摄时，通常使用用于拍摄立体图像的3D摄像机和用于虚实结合的虚拟摄像机，不仅实现了动作和表情的实时捕捉，为场景增加了整体动感，还降低了拍摄成本。其拍摄原理广泛采用偏光眼镜法。它以人眼观察景物的方法，利用两台并列安置的电影摄影机，分别代表人的左、右眼，同步拍摄出两条略带水平视差的电影画面。放映时，将两条电影影片分别装入左、右电影放映机，并在放映镜头前分别装置两个偏振轴互成90°的偏振镜。两台放映机须同步运转，同时将画面投放在金属银幕上，形成双影图像。当观众戴上特制的偏光眼镜时，观众的左眼只能看到左像、右眼只能看到右像。通过双眼会聚功能将左、右像叠和在视网膜上，由大脑神经产生三维立体的视觉效果。一幅幅连贯的立体画面，使观众感到景物扑面而来，产生强烈的"身临其境"感。

虚拟现实技术在三维立体电影中的应用主要是制造栩栩如生的人物、引人入胜的宏大场景，以及添加各种撼人心魄的特技效果。目前，三维立体电影技术已比较成熟，每年都会有 3D 电影问世，如《冰河世纪 3》《飞屋环游记》等，人们一次次地被召唤到电影院，这表明虚拟的三维立体电影在电影界绽放出了夺目的光彩。但是，存在的局限性是观看立体电影需要佩戴 3D 眼镜。由此，美国 RealD 公司宣布，在不久的将来会让观众摘下 3D 眼镜直接观看立体电影，届时观众观看 3D 立体电影会更加方便与舒畅，电影院也将真正给观众带来身临其境的感觉。星空与万丈深渊都会近在咫尺，电影院的魅力将会无限扩大和延伸，电影业将会得到更为长足的进步和发展。

五、虚拟现实技术在道路交通方面的应用

随着虚拟现实技术的发展，其在交通领域的应用也逐渐广泛，虚拟现实技术在道路交通中的应用主要体现在以下几个方面。

（一）交通线路设计规划方案的评估

利用虚拟现实技术可以在规划设计阶段，随意切换多种设计方案进行比较或检查有无设计缺陷，可以分析规划网络的布局、植被的分布，也可以分析单条道路的交通量，等等。观察者可以随时查询相关数据，如城市人口分布图、资源状况、道路属性等。很多不易察觉的设计缺陷能够被轻易发现，可以大大减少由于考虑不周导致的损失。

（二）道路桥梁的设计

虚拟公路交通是用虚拟现实技术把包括道路、桥梁、收费站、服务区以及沿途的部分景观，大到整个收费站等完全真实再现。按照要求，可以设置多条相对固定的浏览路线，无须操作，自动播放。还可在后台输入稳定的数据库信息，便于受众对各项技术指标进行实时的查询，周边再辅以多种媒体信息，如工程背景介绍、标段概况、技术数据、截面、电子地图、声音、图像、动画，并与核心的虚拟技术产生交互，从而实现演示场景中的导航、定位与背景信息介绍等诸多实用、便捷的功能。另外，在虚拟环境中可以预演大跨度桥梁要进行的风洞试验、大型堤坝要进行的实物试验。在桥梁和道路规划、设计、施工各个阶段，都可以利用虚拟现实技术，观察桥梁和道路风格与周围环境的协调性；对桥梁、道路、岩土工程、隧道进行仿真和数据采集与处理等。可以大大提高复杂地形地貌路线优化及大型复杂结构在静力、动力、稳定、非线性和空间的计算分析能力，提高勘察设计的自动化程度，以及工作效率和准确度。

典型应用如北京航空航天大学与山西省交通规划勘探设计院合作研制的"网络化高速公路三维可视化信息系统"，建立了一种网络化、三维可视化高速公路信息管理方式，对高速公路设计前、施工中和竣工后这三个过程进行方案验证、功能展示和信息管理，集高速公路的三维可视化导览、地理信息规划、高速公路设计、建设和养护数据管理、高速公路设计全方位剖面和高速公路多媒体人文景观信息为一体，突出在网络环境下高速公路的三维浏览、公路组成的即时编辑、数据一致性访问和在设计、施工和养护阶段异构数据的

存储、管理和分析等。高速公路的三维可视化不仅能改善浏览高速公路信息的视觉效果，提供设计方案建成后的直观形象，更能为决策机构和领导直观、快速地提供决策信息，为深层次分析奠定基础，还能为高速公路后期维护提供原始资料。该系统在"大运"高速公路建设中建立了完整的 666km 的电子数据资料，形成集设计、施工、养护为一体的信息管理平台，并且将设计资料由纸质转为电子文档，减少了图纸存储和人员维护量，易于查询、管理，便于领导和主管部门随时查询养护记录和养护费用、目前道路状况，已正式投入使用三年多的时间。该系统正在山西全省的道路建设中进行推广，已经应用在东山南环、武宿、原太高速公路等，取得了良好效果。

六、虚拟现实技术在文物保护方面的应用

利用虚拟现实技术，结合网络技术，可以将文物的展示、保护提高到一个崭新的高度。首先表现在将文物实体通过影像数据采集手段，建立起实物三维或模型数据库，保存文物原有的各项形式数据和空间关系等重要资源，实现濒危文物资源的科学、高精度和永久的保存和文物的多角度展示。其次利用这些技术可以提高文物修复的精度和预先判断、选取将要采用的保护手段，同时可以缩短修复工期。通过计算机网络来整合统一大范围内的文物资源，并且通过网络在大范围内利用虚拟技术更加全面、生动、逼真地展示文物，文物可以脱离时空的限制，实现资源共享，真正成为全人类可以"拥有"的文化遗产。另外，有些文物属于不可移动文物，由于处于交通闭塞的地区，文物的价值无法发挥出来。虚拟现实技术提供了脱离文物原件而表现其本来的重量、触觉等非视觉感受的技术手段，能根据考古研究数据和文献记载，模拟地展示尚未挖掘或已经湮灭了的遗址、遗存，而不会影响到文物本身的安全。

对于文化遗产，目前研究人员已经创建了著名的考古地、建筑物以及自然保护区等世界文化遗产的虚拟复制品。如英国史前巨石柱、中国兵马俑和圆明园、巴黎圣母院等虚拟模型的制作。埃及神庙制作过程如下。首先将文物实体通过影像数据采集手段，记录蓝图中显示不出的各种建筑细节，并作为材质纹理，再次进行光亮度测量，使用模型软件建立实物三维模型，并存入相应数据库，以及保存文物原有的各项形式数据和空间关系等重要资源，实现濒危文物资源的科学、高精度和永久的保存。其次，通过计算机网络整合大范围内的文物资源，并且通过网络在大范围内利用虚拟技术更加全面、生动、逼真地展示文物，让文物脱离地域限制，实现资源共享，真正成为全人类可以"拥有"的文化遗产。

使用虚拟现实技术可以推动文博行业更快地进入信息时代，实现文物展示和保护的现代化。20 世纪 90 年代，数字博物馆率先在各信息科技大国和重视文化传统的国家兴起。美国率先拨巨款把由政府掌握的博物馆、图书馆、文化与自然遗产等资源上网；法国将罗浮宫上网工程作为重点示范项目；英国、加拿大和澳大利亚已建成了全国性的文化遗产数据库；日本则致力于开发文化遗产的虚拟现实技术。1996 年，美国"虚拟遗产网络"得到联合国教科文组织的认可，承担了该组织多个重大项目。2001 年，加拿大"遗产信息

网络"与博物馆社群合作，建立加拿大虚拟博物馆。2002 年，德国发起建立"欧洲文化遗产网络"，用以连接各国政府服务机构和遗产机构（2004 年有 31 个参加国）。2000 年，IBM 东京研究所与日本民族学博物馆合作"全球数字博物馆计划"。

2010 年在上海举行的世博会的亮点之一就是网上世博会。它运用三维虚拟现实、多媒体等技术设计世博会的虚拟平台，将上海世博会园区以及园区内的展馆空间数字化，用三维方式再现到因特网上，全球网民足不出户就可以获得前所未有的 360° 空间游历和 3D 互动体验。不仅向全球亿万观众展示了各国的生活与文化，还展现了上海世博会的创新理念。如法国馆将"感性城市"的主题在虚拟空间中展现无遗。参观者只需单击鼠标就能在虚拟展馆中 360° 自由参观。喜欢 3D 互动游戏的参观者更可以与法国馆的吉祥物"乐乐"进行实时互动，在游戏中体验包括视觉、嗅觉、触觉、味觉和听觉等感官享受。由此，上海世博会也被称为"永不落幕"的世博会。

七、虚拟现实技术在虚拟演播室中的应用

1978 年，"电子布景"概念被提出，指出未来的节目制作，可以在只有演员和摄像机的空演播室内完成，其余布景和道具都由电子系统产生。随着计算机技术与虚拟现实技术的发展，1992 年以后虚拟演播室技术真正走向了实用阶段。

虚拟演播室是一种全新的电视节目制作工具，虚拟演播室技术包括摄像机跟踪技术、计算机虚拟场景设计、色键技术、灯光技术等。虚拟演播室技术是在传统色键抠像技术的基础上，充分利用了计算机三维图形技术和视频合成技术，根据摄像机的位置与参数，使三维虚拟场景的透视关系与前景保持一致，经过色键合成后，使得前景中的演员看起来完全沉浸于计算机所产生的三维虚拟场景中，而且能在其中运动，从而创造出逼真的、立体感很强的电视演播室效果。由于背景成像依据的是真实的摄像机拍摄所得到的镜头参数，因而和演员的三维透视关系完全一致，避免了不真实、不自然的感觉。

背景大多是由计算机生成的，可以迅速变化，这使得丰富多彩的演播室场景设计可以用非常经济的手段来实现。采用虚拟演播室技术，可以制作出任何想象中的布景和道具。无论是静态的，还是动态的，无论是现实存在的，还是虚拟的。这只依赖于设计者的想象力和三维软件设计者的水平。许多真实演播室无法实现的效果都可以在虚拟演播室中实现。例如，在演播室内搭建摩天大厦，演员在月球进行"实况"转播，演播室里刮起了龙卷风等。

八、虚拟现实技术在教育培训中的应用

虚拟现实技术应用于教育是教育技术发展的一个飞跃。它实现了建构主义、情景学习的思想，营造了"自主学习"的环境，使传统的"以教促学"的学习方式变为学习者通过自身与信息环境的相互作用得到知识、技能的新型学习方式。

相比于传统的教学，网络虚拟教学拥有以下优势。

①在保证教学质量的前提下，极大地降低了设备、场地等硬件所需要的成本。

②学生利用虚拟现实技术进行危险实验的再现，如外科手术，排除了学生的安全隐患。

③完全打破空间、时间的限制，学生可以随时随地进行学习。

应用虚拟现实技术开发的三维虚拟学习环境能够营造逼真、直观的学习环境，让学生沉浸在虚拟世界进行实时观察、交互、参与、实验、漫游等操作，将枯燥难懂的知识让学生以"身临其境"的方式来感受和体会，使被动灌输的学习方式成为主动式和兴趣式的学习探索。这种情景化的学习过程可以提高学生更深层次的思维技巧，而不是只让参与者从这些娱乐产品中获得空虚的体验和无意义的技能。而且学生行动和言论的详细数据也可通过后台自动收集下来，为学生评估提供了巨大的潜力。无论从学生学习过程体验，还是从形成性、诊断性评价方面来看，三维虚拟学习环境都可以向学生提供满足其个人需要的指导。其具体应用体现在以下几个方面。

（一）虚拟学习环境

虚拟现实技术能够为学生提供生动、逼真的学习环境，如建造人体模型、电脑太空旅行、化合物分子结构显示等，在广泛的科目领域提供无限的虚拟体验，从而加速学生学习知识的过程。虚拟实验利用虚拟现实技术，可以建立各种虚拟实验室，如地理、物理、化学、生物实验室等，在节省成本、规避风险、打破空间和时间的限制方面拥有传统实验室难以比拟的优势。例如，利用虚拟现实技术，大到宇宙天体，小至原子粒子，学生都可以进入这些物体的内部进行观察。一些需要几十年甚至上百年才能观察的变化过程，通过虚拟现实技术，可以在很短的时间内呈现给学生观察。例如，生物中的孟德尔遗传定律，用果蝇做实验往往要几个月的时间，而虚拟技术在一堂课内就可以实现。

（二）虚拟实训基地

利用虚拟现实技术建立起来的虚拟实训基地，其"设备"与"部件"多是虚拟的，可以根据需要随时生成新的设备。教学内容可以不断更新，使实践训练及时跟上技术的发展。同时，虚拟现实的沉浸性和交互性，使学生能够在虚拟的学习环境中扮演一个角色，全身心地投入到学习环境中去，这非常有利于学生的技能训练，包括军事作战技能、外科手术技能、教学技能、体育技能、汽车飞机和轮船驾驶技能、果树栽培技能、电器维修技能等各种职业技能的训练。由于虚拟的训练系统无任何危险，学生可以不厌其烦地反复练习，直至掌握了该操作技能。例如，利用飞行模拟器，学员可以反复操作控制设备，学习在各种天气情况下如何驾驶飞机起飞、降落，通过反复训练，达到熟练掌握驾驶技术的目的。

（三）虚拟仿真校园

虚拟仿真校园是虚拟现实技术在教育培训中最早的具体应用，简单的形式是虚拟校园环境供游客浏览，功能相对完整的三维可视化虚拟校园以学员为中心，加入一系列人性化的功能，以虚拟现实技术为远程教育基础平台。远程教育虚拟现实技术可为高校扩大招生后设置的分校和远程教育教学点提供可移动的电子教学场所，通过交互式远程教学的课程目录和网站，由局域网工具做校园网站的链接，可对各个终端提供开放性的、远距离的持续教育，还可为社会提供新技术和高等职业培训的机会，创造更大的经济效益与社会效益。

虚拟现实技术在教育培训中的应用是教育技术发展的一个飞跃，它营造了特殊的自主学习环境，由传统的"以教促学"的学习方式变为学习者通过自身与信息环境的相互作用来得到知识、技能的新型学习方式。三维的展现形式使学习过程形象化，学生更容易接受和掌握。虚拟学习环境为学生提供广泛的科目领域里的无限的虚拟体验，学习知识的过程变化多端，亲身的体验使学生印象深刻，主动地交互增加了学生的兴趣。虚拟现实的三大特征使学生能动性提高，容易投入到学习环境中去，并且培养了学生自主探索问题的能力和创新能力。典型应用如瑞士皇家学院的一个项目，其目的是探索开放式虚拟世界运用于数学教育领域的潜力，旨在提高数学教育的质量。在虚拟世界中，用三维方式来表现抽象的数学模型不仅给学习者以直观的印象，还充分体现了数学的美感和艺术性。该项目的研究结论指出，让学生在虚拟世界中面对直观生动的数学模型，具有良好的效果，学生学习的质量和效率都会得到大幅度的提高。"第二人生"的流行促使了很多教育技术研究工作者将兴趣投入到多人虚拟环境上，"第二人生"是一个模拟真实世界的大型多人在线角色扮演平台，巧妙融合了联网游戏和在线虚拟社区的诸多概念，创造了一种新型的网络空间，它为信息时代的学习、教育提供了积极的、沉浸式的数字化游戏式学习环境。国外一些大学和教育机构早已开始使用"第二人生"鼓励师生探索、学习和合作。例如，美国洛杉矶的一个非营利性校外学习中心为中学生学习程序设计的实验平台，学生利用"第二人生"脚本语言通过开放式作业学习创建在游戏环境中能活动的趣味对象，如碰到门，门可以被打开，或者坐上自己设计和建造的摩托车在三维空间中行驶等。在这种学习环境下，学生的学习动机明显增强，计算机编程能力也得到快速提高。

九、虚拟现实技术在医学中的应用

临床上，80%的手术失误是人为因素引起的，所以手术训练极其重要。在虚拟环境中，可以建立数字化三维人体，借助于跟踪球、感觉手套等，医学院的学生可以了解人体内部各器官结构，还可以进行"尸体"解剖和各种手术练习。采用虚拟现实技术，由于不受标本、场地等的限制，所以培训费用大大降低。一些用于医学培训、实习和研究的虚拟现实系统，仿真程度非常高。

医学专家也利用虚拟现实技术形成了虚拟的"可视人"，使用关键帧动画实现对身体的漫游。学生可以通过鼠标操作对胸部结构进行拆分和组装，详细浏览和了解每一部分内容。除此之外，学生可以在虚拟的病人身上反复操作，提高技能，有利于学生对复杂的人体三维结构本质进行较好的理解。当然，也可以对比较罕见的病例进行模拟、诊断和治疗，减少误诊的概率。利用远程康复治疗方式监督康复中的病人，可以减少病人独自在家康复的孤独感，是较为愉悦的治疗方式。目前，美国斯坦福国际研究所已成功研制出远程手术医疗系统、整形外科远程康复系统。

在虚拟手术过程中，系统可以监测医生的动作，精确采集各种数据，计算机对手术练习进行评价，如评价手术水平的高低、下刀部位是否准确、所施压力是否适当、是否对健康组织造成了不恰当的损害等。这种综合模拟系统可以让医学生和医生进行有效的反复实践操作练习，还可以让他们学习在日常工作中难以见到的病例。虚拟手术使得手术培训的时间大为缩短，同时减少了对实验对象的需求。远程医疗也能够使手术室中的外科医生实时地与远程专家进行交互式会诊，交互工具可以使顾问医生把靶点投影于患者身上来帮助指导主刀外科医生的操作，或通过遥控帮助操纵仪器。这样使专家技能的发挥不再受空间距离的限制。

虚拟手术系统能使医生依靠术前获得的医学影像信息，在计算机上模拟出病灶部位的三维结构，最后利用虚拟现实技术建立手术的逼真三维场景，使医生能够在计算机建立的虚拟环境中设计手术过程和进刀的部位、角度，这对于选择最佳手术方案、减小手术损伤、减少对临近组织损害、提高操作定位精度、执行复杂外科手术和提高手术成功率等具有十分重要的意义。另外，在远距离遥控外科手术、复杂手术的计划安排、手术过程的信息指导、手术后果预测及改善残疾人生活状况，乃至新药研制等方面，虚拟现实技术都能发挥十分重要的作用。早在1985年，美国国立医学图书馆就开始进行人体解剖图像数字化研究，并利用虚拟人体开展虚拟解剖学、虚拟放射学及虚拟内窥镜学等学科的计算机辅助教学。1995年，在互联网上出现了"虚拟青蛙解剖"虚拟实验，"实验者"在网络上互相交流，发表自己的见解，甚至可以在屏幕上亲自动手进行解剖，用虚拟手术刀一层层地分离青蛙，观察它的肌肉和骨骼组织，与真正的解剖实验几乎一样，浏览者还能任意调整观察角度、缩放图像。

十、虚拟现实技术在康复训练中的应用

康复训练包括身体康复训练和心理康复训练，是指有各种运动障碍（动作不连贯、不能随心所动）和心理障碍的人群，通过在三维虚拟环境中做自由交互以达到能够自理生活、自由运动、解除心理障碍的训练。传统的康复训练不但耗时耗力、单调乏味，而且训练强度和效果得不到及时评估，容易错失训练良机，而结合三维虚拟与仿真技术的康复训练能很好地解决这一问题，并且还适用于心理患者的康复训练，对完全丧失运动能力的患者也有独特效果。

虚拟身体康复训练：身体康复训练是指使用者通过输入设备（如数据手套、动作捕捉仪）把自己的动作传入计算机，并通过输出反馈设备得到视觉、听觉或触觉等多种感官反馈，最终达到最大限度地恢复部分或全部机体功能的训练活动。这种训练方法，不但大大节约了训练的人力物力，而且有效增加了治疗的趣味性，激发了患者参与治疗的积极性，变被动治疗为主动治疗，提高了治疗的效率。典型应用如虚拟情景互动康复训练系统将患者放置在一个虚拟的环境中，抠相技术，使患者可在屏幕上看到自己，并根据屏幕中情景的变化和提示做各种动作，以保持屏幕中情景模式的继续，直到最终完成训练目标。该系

统是专门为神经、骨科、老年康复和儿童康复开发的虚拟康复治疗系统，能使患者以自然方式与具有多种感官刺激的虚拟环境中的对象进行交互。可提供多种形式的反馈信息，使枯燥单调的运动康复训练过程更轻松、更有趣和更容易。该系统包括了五大模块软件：坐姿训练、站姿平衡训练、上肢综合训练、步态行走训练、患者数据库功能。患者可通过躯干姿势控制坐站转换、上肢运动、步行、平衡、膝关节与下肢运动训练等多种虚拟游戏，该系统已成功应用于中风患者上肢、平衡与步行康复、髋膝关节置换术后康复、多发性硬化、帕金森病、老年痴呆与老年人的一般健身活动等。

虚拟心理康复训练：狭义的虚拟心理康复训练是指利用搭建的三维虚拟环境治疗诸如恐高症之类的心理疾病。广义上的虚拟心理康复训练还包括搭配"脑—机接口系统""虚拟人"等先进技术进行的脑信号人机交互心理训练。这种训练就是通过患者的脑电信号控制虚拟人的行为，通过分析虚拟人的表现实现对患者心理的分析，从而制定有效的康复课程。此外，还可以通过显示设备把虚拟人的行为展现出来，让患者直接学习某种心理活动带来的结果，从而实现对患者的治疗。这种心理训练方法为更多复杂的心理疾病指明了一条新颖、高效的训练之路。1994 年，有学者将 30 个恐高症患者置于用虚拟现实技术建构的虚拟高空中，有 90% 的人治疗效果明显。美国"9·11"事件以后出现了大量的创伤后应激障碍患者，某学者运用虚拟现实重现了世贸中心的爆炸场面，并对一个传统疗法失败的患者进行治疗，该患者被成功治愈。另外在痛感较强的牙科手术和其他治疗过程中虚拟疗法能够吸引病人的注意力。"雪世界"是第一种专门用来治疗烧伤后遗症的虚拟环境。在美国西雅图烧伤治疗中心，患者在接受痛苦的治疗过程中可以在虚拟环境中飞越冰封的峡谷，俯视冰冷的河流和飞溅的瀑布，还可以将雪球抛向雪人，观看河中的企鹅和爱斯基摩人的圆顶雪屋。"雪世界"的研发者认为，虚拟现实疗法之所以能够获得成功，是因为它能够把病人的注意力从创伤或病痛上转移到虚拟的世界中来。

十一、虚拟现实技术在地理中的应用

应用虚拟现实技术，将三维地面模型、正射影像和城市街道、建筑物及市政设施的三维立体模型融合在一起，再现城市建筑及街区景观，用户在显示屏上可以很直观地看到生动逼真的城市街道景观，可以进行诸如查询、量测、漫游、飞行浏览等一系列操作。虚拟现实技术满足了数字城市技术由二维地理信息系统向三维虚拟现实的可视化发展需要，为城建规划、社区服务、物业管理、消防安全、旅游交通等提供可视化空间地理信息服务。典型应用如谷歌地球。

谷歌地球是一个免费的卫星影像浏览软件，它以各种分辨率的卫星影像为原始数据，信息直观清晰，并且具备强劲的三维引擎和超高速率的数据压缩传输，还整合了谷歌的"本地搜索""地图标注"等多项服务，为用户提供便捷、免费的通用服务。

用户在网上既能鸟瞰世界，又能在虚拟城市中任意游览，甚至可以将所经过的线路以漫游的方式进行录像和回放，实现模拟旅行。新版谷歌地球可以让用户探索神秘的太空和海洋，欣赏火星图片和观看地球表面发生的变化。

在水文地质研究中，利用虚拟现实技术的沉浸感与计算机的交互功能和实时表现功能，建立相关的水文地质模型和专业模型，进而实现对含水层结构、地下水流、地下水质和环境地质问题（如地面沉降、海水入侵、土壤沙化等）的虚拟表达，真实地再现地下含水层和隔水层的分布、含水层的厚度、空间的变化情况。虚拟现实技术突破了传统方法不直观、不全面的局限，即仅能通过剖面图展示含水层、隔水层的垂向分布特点，在平面图中通过含水层厚度等值线表现含水层的空间分布状况。

利用虚拟现实系统的实时变化功能也可以对地下水流的运动变化特征进行虚拟表达，充分展现地下水流的特点，如流向、流速、流量、储存量的变化，人类开采利用地下水对含水系统的影响，边界条件对地下水流的约束和控制作用等。通过对地下水水质在天然状态下逐渐变化过程的虚拟，可以确定对地下水水质影响最大的因素，从而更深刻地理解水质变化的机理，为控制水质的恶化提供依据。还可以真实地表现地下水流中溶质的运移规律和发展趋势，辅助地下水水质管理。通过对地下水水位变化的虚拟和土壤层含水量的表达，可以动态地表现地下水水位的下降、降落漏斗的扩展与土壤沙化的进程，虚拟研究地下水水位下降与土壤沙化的相互关系和机理，对地下水可持续开发和相对减少可能产生的环境问题有着极为重要的意义。建立地区的蒸发量与土壤水分的关系，根据气候条件和地下水水位、地下水水质演变过程进行虚拟，可以不断跟踪和不断预测区域土壤盐渍化的发展过程，为环境的监测和改善管理提供重要的依据。

第二章 虚拟现实系统的硬件设备

虚拟现实系统的硬件设备是用户沉浸于虚拟环境的必备条件之一。本章将介绍视觉感知设备、听觉感知设备、触觉反馈和力反馈设备、位置跟踪设备及虚拟现实的计算设备等知识。学习本章时要多了解市场上相关的主流产品。

头盔显示器的虚拟现实系统的硬件配置示意图，包括立体显示设备—头盔显示器、空间立体声音播放设备—耳机、位置跟踪器、数据手套和头盔式显示器，以及触觉和力觉反馈装置等。这些设备创设的虚拟环境"看起来像真的、听起来像真的、摸起来像真的、嗅起来像真的、尝起来像真的"，并提供各种感官刺激信号刺激人类做出各种反应动作。那么，这些设备产生怎样的信号才能够让人完全沉浸于环境中呢？采用什么样的技术才能"欺骗"人的眼睛、鼻子、耳朵等器官呢？这就需要对人的感官因素进行详细的研究，并在此基础上采用相应的技术设计硬件设备，即设备的设计离不开对人的感知模型的研究。例如，视觉显示设备为了实现人眼观察物体实体的三维立体效果，必须对人眼的结构进行详细研究。一个虚拟现实系统的性能如何，主要体现在系统提供的接口与人配合的效果如何，这也考虑到了人的感官因素。

图形计算机是虚拟现实系统的硬件设备之一，通常称为虚拟现实的计算设备，主要功能是采集数据，实时计算并输出场景。为满足视觉、听觉、触觉的低延迟和快速刷新率的要求，图形计算机具有强健的体系结构，不仅能满足单个用户设计的仿真系统的使用，还能供多个用户在单个虚拟现实仿真中以自然的交互方式使用。

第一节 视觉感知设备概述

一、人类视觉模型

（一）视觉生理结构

眼球为人眼的视觉器官，主要由角膜、晶状体、玻璃体及视网膜等组成。自然界的物体的光线经视觉器官发生折射，在视网膜上形成倒立的像，视网膜负责把光信号转化成电信号，并通过视神经把信号传给大脑，由大脑把像颠倒过来。

（二）视觉因素

人的感知有 80% 来自视觉，要实现虚拟现实的目的，必须考虑视觉因素，即如何让人的眼睛感觉所处的环境跟自然界中的环境是一致的。

1. 立体视觉

当用户观察一幅非立体图像时，对于图像上的每一点，用户的左右双眼交于屏幕中该点上。用户的视线都相交在一个平面上，不存在任何深度信息。因此，人所看到的图像和图形都是非立体的。而人类在观察客观世界时，左右双眼看到的是物体的不同部位，在大脑中产生空间距离感，真正地恢复物体的三维信息，形成立体视觉。

人们感觉到空间立体感，形成立体视觉主要是因为人类的左右双眼的视野存在很大的重叠。通常将这种重叠称为双眼视觉或者立体视觉。人的双眼之间有 6 ~ 8cm 的距离，看同一物体，双眼会获得稍有差别的视图。人们的左右双眼视觉各有一套神经系统，人眼的两套神经系统在大脑前有一个交叉点，并且在交叉点后分开。进入眼睛的光线根据左右位置的不同分别进入交叉点后的左右神经。换句话说，对于每只眼睛，部分光线进入左神经，部分光线进入右神经。因此，在人脑中形成的图像是通过人脑的综合作用产生的一幅具有立体深度感的图像。

2. 屈光度

光线由一种介质进入另一种不同折射率的介质时，会发生前进方向的改变，在眼光学中即称"屈光"。屈光度是与眼的光学部分有关的一个度量，是屈光力的大小单位。

人通过改变眼睛的屈光度来保证远近物体能够在视网膜上正确成像，从而获得清晰的图像。年轻人可以连续改变 14 个屈光度，50 岁时调节能力为 2 个屈光度，70 岁时调节能力为 0 屈光度。在注视运动物体时，眼睛的屈光度可以自动调节。屈光度的改变被称为调节或聚焦，其作用是保证某个距离的物体清晰，而其他距离的物体模糊。这起到了滤波器的作用，使人集中关注视场中的部分区域。

3. 瞳孔

瞳孔是晶状体前的孔。一般人瞳孔的直径可在 1.5 ~ 8.0mm 之间变动，面积之比为 1 ∶ 30。瞳孔的大小可以控制进入眼内的光量，瞳孔的变化是为了保持在不同光照情况下进入眼内的光量较为恒定。

瞳孔的工作原理就像照相机里的光圈，它可以随光线的强弱而缩小或变大。瞳孔在光线强烈时，调节瞳孔变小；在光线较暗时，调节瞳孔变大。其对光线强弱的适应是自动完成的。瞳孔虽然不是眼球光学系统当中的屈光元件，但在眼球光学系统中起着重要的作用。

瞳孔不仅对明暗做出反应，调节进入眼睛的光线，还影响眼球光学系统的焦深和球差。

4. 分辨率

分辨率是人眼区分两个点的能力，通常情况下，在 10m 距离上人眼能够分辨的距离约 1.5 ~ 2mm。如在 2m 的距离观看宽度为 400mm 的电视机时，人眼区分两个点的能力在 2m 距离上约为 0.4mm，则宽度为 400mm 的电视机上应该有 1000 个 0.4mm 大小的像素。计算机监视器和高清晰度电视机都达到了这样的分辨率。

5. 视觉暂留

视觉暂留是视网膜的电化学现象造成视觉的反应时间。其原理是当人的眼睛看到一幅画面或一个物体后，在 1/24s 内不会消失。也就是说如果每秒更替 24 幅或更多的画面，则前一幅画面在人脑中消失之前，下一个画面就会进入人脑，从而形成了连续的影像。

视觉暂留是电影、电视、动画和虚拟现实等显示的基础。临界熔合频率效果具有把离散图像序列组合成连续视觉的能力，临界熔合频率最低为 20Hz，取决于图像尺寸和亮度。英国电视帧频为 25Hz，美国电视帧频为 30Hz，电影帧频为 24Hz。眼睛对闪烁的敏感度正比于亮度，即白天的图像更新率为 60Hz，则夜间只要 30Hz。

6. 视场

视场是指人眼能够观察到的最大范围，通常以角度来表示，视场越大，观测范围越大。视场通常从水平和垂直两个方向来说明，人眼正常的视场约为水平 ±100°，垂直 ±60°，而水平的双目重叠视场为 120°。水平 ±100°，垂直 ±30° 的视场即可有很强的沉浸感。

视觉因素除了上面的因素外，还包括其他的因素，如明暗适应、周围视觉和中央视觉等因素，都会影响人眼形成立体图像。理想的视觉环境与日常生活中的场景，在质量、修改率和范围方面应该是无法区分的。但是当前的技术还不支持这种高真实度的视觉显示，也就是当前的技术主要考虑的视觉因素仅仅包括立体视觉、分辨率、视觉暂留以及视场，其他因素还没有充分考虑到。随着技术的发展，必须认真评价各种显示特性，充分考虑人的视觉因素，提供理想的立体视觉效果，实现较强的视觉沉浸。

二、视觉感知设备

视觉感知设备主要向用户提供立体视觉的场景显示，并且这种场景的变化会实时变化。此类设备的关键技术是立体显示。根据上一节中立体视觉的基本原理，采用两种方法来实现立体图像的显示。一种是同时显示左右两幅图像，称为同时显示技术，它是让两幅图像存在细微的差别，使双眼只能看到相应的图像。这种技术主要用在头盔显示器中。另一种是分时显示技术，以一定的频率交替显示两幅图像，为了保证每只眼睛只能看到各自相应的图像，用户通过以相同频率同步切换的有源或无源立体眼镜来观察图像。此技术主要使用在立体眼镜上。

（一）头盔显示器

头盔显示器是专为用户提供虚拟现实中景物的彩色立体显示器，是目前较普遍采用的一种立体显示设备。通常用机械的方法固定在用户的头部，头与头盔之间不能有相对运动，当头部运动时，头盔显示器随着头部的运动而运动。头盔配有位置跟踪器，用于实时探测头部的位置和朝向，并反馈给计算机。计算机根据这些反馈数据生成反映当前位置和朝向的场景图像并显示在头盔显示器的屏幕上。通常，头盔显示器的显示屏采用两个液晶显示器或者阴极射线管显示器分别向两只眼睛显示图像，这两个图像由计算机分别驱动，两个图像存在着微小的差别，类似于"双眼视差"，大脑将融合这两个图像获得深度感知，得到一个立体的图像。

由于头盔显示器所用屏幕离眼睛很近，因此为了使眼睛聚焦于如此近的距离而不易产生疲劳，需要使用专门的镜片，并且此镜片必须能够放大图像，向双眼提供尽可能宽的视野。1989年首次推出了这种镜片，这种镜片的特征是它们使用输出成像极其宽阔的透镜。

由于显示屏的不透明性，用户在观看时，只能看到显示在屏幕上的计算机生成的场景画面，而看不到外部世界，从而达到沉浸在计算机生成的虚拟世界中的效果。

为了使 LEEP 镜片包容所有大小的瞳孔间距，需要透镜的轴间距比成人瞳距的平均值稍小，目的是当看两个屏幕时用于双眼聚焦。否则就需要一个机械调整装置，这样会增加成本，且镜片更加复杂。

根据显示表面的不同，头盔显示器主要分为液晶头盔显示器、阴极射线管头盔显示器和虚拟视网膜头盔显示器。

1. 液晶头盔显示器

目前，市场上出售的液晶头盔显示器几乎全部依靠电视机质量的液晶显示。其液晶显示技术以低电压产生彩色图像，但只具有很低的图像清晰度。在头盔显示中，要用笨重的光学设备形成高质量图像。

VPL 公司首先引进了"眼睛话筒"，它是一种分辨率为 360×240 像素的液晶头盔显示器。水平视角是 $100°$，垂直视角是 $60°$，重量为 2.4kg。较重的重量增加了使用者的疲劳感，因此该产品不再生产，取而代之的是一种成本较低的头盔显示器，其显示分辨率为 360×240 像素，具有立体声耳机及超声波位置跟踪器，重约 1.8kg，佩戴方便舒适。它具有与"眼睛话筒"一样的分辨率和视域。

还有一种新型的头盔显示器，它几乎与一副眼镜的大小相同，仅重 0.23kg。重量的减轻主要源于液晶显示器的缩小，这导致立体视场也相应缩小（水平视角 $45°$，垂直视角 $46°$）。但使用者佩戴时却感到很沉，因为所有的重量都由鼻子来承担而没有分散给头表层。这种头盔显示器的第二代在第一代的基础上做出了很大的改进，如重量的减小，分辨率的增大等。

2. 阴极射线管头盔显示器

阴极射线管头盔显示器是使用电子快门等技术实现双眼立体显示的，提供小的高分辨率、高亮度的单色显示。但其佩戴较危险，视场较小，缺乏沉浸感。

组合的技术途径可产生高质量彩色图像，并减少重量和价格。高质量彩色的阴极射线管头盔显示器主要采用了加于单色阴极射线管的机械电子彩色滤光技术。阴极射线管以三倍正常速率扫描，并依次加上红、绿、蓝三色的滤光器。

1993 年 8 月，某公司生产了一种全彩色阴极射线管头盔显示器。它在单色阴极射线管前放一个"原色"液晶光栅，通过快速过滤器开关控制，首先以红色显示，然后以绿色显示，最后以蓝色显示，人的大脑把这三幅图像融合在一起，就看到一幅彩色图像。其扫描频率是普通阴极射线管扫描频率的 3 倍，因此需要昂贵的高速电子管。最大的信号宽度是 100MHz，频率为 30Hz 时分辨率为 1280×960 像素，频率为 60Hz 时分辨率为 640×512 像素。

另一种彩色图像技术采用的是颜色回旋，让红、绿、蓝三种颜色分别在单色阴极射线管面前高速旋转，把它与单色阴极射线管耦合起来。为了减少重量，把显示器移植到一个芯片上，即所谓的"数字微镜设备"，显示器大小为 $37 \times 33mm^2$，分辨率能达到 2048×1152 像素。其优点是重量轻、亮度高。

3. 虚拟视网膜头盔显示器

虚拟视网膜是华盛顿大学人类接口技术实验室在 1991 年发明的。其目标是产生全彩色、宽视场、高分辨率、低价格的虚拟现实立体显示。源图像是要求显示的图像，调制的光源是红、绿、蓝三基色的光源。水平和垂直扫描器根据源图像对光源进行扫描，经过光学镜头，在人的视网膜上产生光栅化的图像。该图像使观看者以为图像在 0.61m 远的 35.56cm 监视器上，实际上，图像在眼睛的视网膜上。图像质量很高，有立体感。虚拟视网膜的主要特点如下：

①有很小很轻的眼镜；

②有大于 120° 的大视场；

③有适应人类视觉的高分辨率；

④有更高彩色分辨率的全彩色；

⑤有适用于室外的高亮度；

⑥有很低的功率消耗；

⑦有深度感的真正的立体显示；

⑧具有看穿的显示方式，类似于看穿的头盔显示，在看到激光扫描的虚拟图形的同时，也能看到真实场景。

头盔显示器是不需要附加硬件，并能完全环绕的单用户沉浸的显示系统。其显著优点是图像由计算机合成，分辨率较高、市场大、色彩丰富，消除了显示器定位系统引入的延迟，实现了无缝全环绕。不足之处是重量和惯性的约束，易引起人的疲劳，以及随着头部惯性的增加运动眩晕症状也会加重；并且高性能头盔显示器价格高，在性能上有待进一步提高。

（二）立体显示系统

1. 立体眼镜显示系统

立体眼镜显示系统的设备包括立体图像显示器和立体眼镜。立体图像显示器通过专门设计，以两倍于正常扫描的速度刷新屏幕。采用分时显示技术，计算机给显示器交替发送两幅有轻微偏差的图像。位于阴极射线管显示器顶部的红外发射器与"红、绿、蓝"信号同步，以无线的方式控制活动眼镜。红外控制器指导立体眼镜的液晶光栅交替地遮挡用户两只眼睛中的一只眼睛的视野。这样，大脑记录快速交替的左眼和右眼图像序列，并通过立体视觉将它们融合在一起，从而产生深度感知。

立体图像显示器的刷新频率的高低直接影响到图像的稳定性，即显示图像是否会出现闪烁现象。典型的显示器的刷新频率是60Hz，用此频率来显示立体图像时，对应的左、右眼视图只能以每秒30帧的刷新频率显示在屏幕上，缺点是图像出现明显的闪烁，不稳定。因此，为了图像的稳定，左右眼视图的刷新率应保持在60Hz，采用两倍于60Hz的刷新率的显示器。

这种图像比液晶头盔显示器要清楚得多，而且长时间观察也不会令人疲倦。立体眼镜是为了实现立体视觉，即让双眼分别只能看到对应的左右视图。目前主要有两类立体眼镜：有源立体眼镜和无源立体眼镜。有源立体眼镜又称为主动立体眼镜，无源立体眼镜又称为被动立体眼镜。

主动立体眼镜的镜框上装有电池及液晶调制器控制的镜片。立体显示器有红外线发射器，它根据显示器显示左右眼视图的频率发射红外线控制信号。液晶调制器接收红外线控制器发出的信号，并通过调节左右镜片上的液晶光栅来控制开或者关，即控制左右镜片的透明或不透明状态。当显示器显示左眼视图时，发射红外线控制信号至有源立体眼镜，使有源立体眼镜的右眼镜片处于不透明状态，左眼镜片处于透明状态。如此轮流切换镜头的通断，使左右眼睛分别只能看到显示器上显示的左右视图。有源系统的图像质量好，但有源立体眼镜价格昂贵，且红外线控制信号易被阻挡，观察者工作范围易受限。

无源立体眼镜是根据光的偏振原理设计的。每一个偏振片中的晶体物质排列形成如同光栅一样的极细窄缝，使只有振动方向与窄缝方向相同的光通过，成为偏振光。当光通过第一个偏振片时就形成偏振光，只有当第二个偏振光片与第一个窄缝平行时这道光才能通过，如果垂直则不能通过。通常立体眼镜的左右镜片是两片正交偏振片，分别只能容许一个方向的偏振光通过。显示器显示屏前安装一块与显示屏同样尺寸的液晶立体调制器，显示器显示的左右眼视图经过液晶立体调制器后形成左偏振光和右偏振光，然后分别透过无源立体眼镜的左右镜片使左右眼睛分别只能看到显示器上显示的左右视图。由于无源立体眼镜价格低廉，且无须接受红外控制信号，因此适用于观众较多的场合。

无源立体眼镜的镜片也可以是滤色片。利用滤色片能吸收其他的光线，只能让与滤色片相同色彩的光透过的特点来设计。常用的是红绿滤色片眼镜。其原理是在进行电影拍摄时，先模拟人的双眼位置从左右两个视角拍摄出两个影像，然后分别以红、绿滤光片投影重叠印在同一画面上，制成一条电影胶片。放映时可用普通放映机在一般漫反射银幕上放映，但观众须戴红绿滤色眼镜，使通过红色镜片的眼睛只能看到红色影像，通过绿色镜片的眼睛只能看到绿色影像，实现立体电影。

佩戴舒适的立体眼镜产生的沉浸感弱于头盔显示器，因为立体眼镜提供的视场较小，使用者仅仅把显示器当作一个观看虚拟世界的窗口。如果使用者坐在距离显示宽度为30cm的显示器45cm处，显示范围只是使用者水平视角180°中的37°。然而，当投影角度为50°时，虚拟现实的物体看起来是最好的。为实现视野放大，使用者与屏幕的最佳距离应根据显示宽度来确定。

2. 洞穴式立体显示系统

洞穴式立体显示系统使用投影系统，投射多个投影面，形成房间式的空间结构，增强了沉浸感。此系统首先是由伊利诺伊大学芝加哥校区的电子可视化实验室发明的。它是一个立方体结构，有4个阴极射线管投影仪：前面1个，左右侧各1个，地面1个。每个投影仪都由来自一个4通道计算机的不同图形流信号驱动。三个竖直的面板使用背投，投影仪在四周的地板上旋转，通过镜面反射图像。地面显示器上显示的图像由安装在洞穴式立体显示系统上面的投影仪产生，通过一个镜面反射下来。这个镜面用于创建用户后面的阴影，与其他的镜面叠加，以减少接缝处的不连续性；投影仪之间保持同步，以减少闪动。戴着立体眼镜的用户能够看到一个非常逼真的三维场景，包括那些看上去好像是从地面中长出来的对象。

洞穴式立体显示系统是一种基于多通道视景同步技术和立体显示技术的房间式投影可视协同环境，该系统可提供一个房间大小的4面、5面或者6面的立方体投影显示空间，供多人参与，所有参与者均完全沉浸在一个被立体投影画面包围的高级虚拟仿真环境中，借助音响技术（产生三维立体声音）和相应虚拟现实交互设备（如数据手套、力反馈装置和位置跟踪器等）获得一种身临其境的高分辨率三维立体视听影像和6自由度交互感受。由于投影面几乎能够覆盖用户的所有视野，因此洞穴式立体显示系统能向使用者提供一种前所未有的带有震撼性的身临其境的沉浸感受。

1999年，浙江大学计算机辅助设计与图形学国家重点实验室成功建成我国第一台4面洞穴式立体显示系统。多个用户戴上主动式或被动式眼镜，他们视线所涉及的范围均为背投式显示屏上显示的计算机生成的立体图像，增强了身临其境的感觉。

洞穴式立体显示系统的优点在于提供高质量的立体显示图像，即色彩丰富、无闪烁、大屏幕立体显示、多人参与和协同工作。所以它为人类带来了一种全新的创新思考方式，扩展了人类的思维。通过洞穴式立体显示系统，人们可以直接看到自己的创意和研究对象。例如，生物学家能检查DNA规则排列的染色体链对结构并虚拟拆开基因染色体进行科学研究；理化学家能深入到物质的微细结构或广袤环境中进行试验探索；汽车设计者可以走进汽车内部随意观察。可以说，洞穴式立体显示系统可以应用于任何具有沉浸感需求的虚拟仿真应用领域，是一种全新的、高级的科学数据可视化手段。

洞穴式立体显示系统的缺点是价格昂贵，体积大，并且参与的人数有限，如果人数达到12人，它的显示设备就显得太小了。目前洞穴式立体显示系统并没有标准化，兼容性较差，因而限制了它的普及。

3. 响应工作台立体显示系统

响应工作台立体显示系统是计算机通过多传感器交互通道向用户提供视觉、听觉、触觉等多模态信息，具有非沉浸式、支持多用户协同工作的立体显示装置。类似于绘图桌形式的背投式显示器，其显示屏（类似于绘图桌面）的尺寸约为 2m × 1.2m 或略小，通常采用主动式立体显示方式。

响应工作台立体显示系统是德国数学和数据处理协会发明的。它是一个台式装置，由阴极射线管投影仪、一个大的反射镜和一个具有散射功能的显示屏组成。响应工作台前部为水平放置的显示屏，显示屏下面安装一个大的反射镜，后部桌面下安装一台阴极射线管投影仪。投影仪将立体图像投影到反射镜面上，再由反射镜将图像反射到显示屏上，显示屏通过漫散射向屏上反射。工作台立体显示装置为防止外面的光被镜面反射，通常将阴极射线管投影仪合成在工作台的外壳中。佩戴立体眼镜，坐在显示器周围的多个用户可以同时在立体显示屏中看到三维对象浮在工作台上面，虚拟景象具有较强的立体感。但当多个用户同时观察立体场景时，系统只给戴着头部跟踪器的主用户提供正确的透视观察，其他次要用户会看到视觉假象，这取决于主用户的头部运动。

通常观察者是站立或者坐在工作台前观看立体图像，如果工作台是水平的，用户对面比较高的三维对象会被剪掉（这就是所谓的立体倒塌效果）。因此现代工作台引入了倾斜机制（手工的或者机动的），允许用户根据应用的要求控制工作台的角度，工作台可以处于水平和垂直之间的任意倾斜角度。另一种选择是所谓的 L 形工作台，例如 V-Desk 6。桌面不是机动的，而是引入了两块固定的屏幕和两个阴极射线管巴可投影仪。顶部的投影仪瞄准竖直的屏幕，第二个投影仪的图像被放置在显示器较低部分的镜面，从而被反射出去。其结果是在一个非常紧凑的外壳中创建立体观察体，允许少数几个用户与三维场景交互。

响应工作台所显示的立体视图只受控于一个观察者的视点位置和视线方向，而其他观察者可以通过各自的立体眼镜来观察虚拟对象，因此较适合辅助教学、产品演示。如果有多台工作台同时对同一虚拟环境中的各自对象进行操作，并互相通信，即可达到真正的分布式协同工作的目的。

4. 墙式立体显示系统

由大屏幕投影显示器组成的墙式立体显示系统解决了更多观众共享立体图像的问题。此系统类似于放映电影形式的背投式显示设备。由于屏幕大，容纳的人数多，因此适用于教学和成果演示。目前常用的墙式立体显示系统包括单通道立体投影系统和多通道立体投影系统。

单通道立体投影系统主要包括专业的虚拟现实工作站、立体投影系统、立体转换器、虚拟现实立体投影软件系统、虚拟现实软件开发平台和三维建模工具软件等几个部分。该系统以一台图形工作站为实时驱动平台，以两台叠加的立体专业液晶投影仪为投影主体。在显示屏上显示一幅高分辨率的立体投影影像。与传统的投影相比，该系统最大的优点是能够显示优质的高分辨率三维立体投影影像，为虚拟仿真用户提供一个有立体感的半沉浸式虚拟三维显示和交互环境。在众多的虚拟现实三维显示系统中，单通道立体投影系统是一种低成本、操作简便、占用空间较小、具有极好性能的小型虚拟三维投影显示系统，其集成的显示系统使安装、操作使用更加容易和方便，被广泛应用于高等院校和科研院所的虚拟现实实验室中。

多通道立体投影系统是一种半沉浸式的虚拟现实可视协同环境。该系统采用巨幅平面投影结构来增强沉浸感，配备了完善的多通道声响及多维感知性交互系统，充分满足虚拟现实技术的视、听、触等多感知应用需求，是理想的设计、协同和展示平台。它可根据场地空间的大小灵活地配置两个、三个甚至是若干个投影通道，无缝地拼接成一幅巨大的、分辨率极高的二维或三维立体图像，形成一个更大的虚拟现实仿真系统环境。

环幕投影系统是将环形的投影屏幕作为仿真应用的显示载体，具有多通道虚拟现实投影的显示系统，具有较强的沉浸感。该系统以多通道视景同步技术、多通道亮度和色彩平衡技术，以及数字图像边缘融合技术为支撑，将三维图形计算机生成的三维数字图像实时地输出并显示在一个超大的环形投影幕墙上，并以立体成像的方式呈现在观看者的眼前，使佩戴立体眼镜的观看者和参与者获得一种身临其境的虚拟仿真视觉感受。根据环形幕半径的大小，通常有 120°、135°、180°、240°、270°、360° 弧度不等的环幕系统。

由于其屏幕的显示半径巨大，该系统通常用于一些大型的虚拟仿真应用，如虚拟战场仿真、数字城市规划和三维地理信息系统等大型场景仿真环境。近年来开始向展览展示、工业设计、教育培训和会议中心等专业领域发展。

5. 裸体立体显示系统

立体眼镜的佩戴使人观看立体显示受到了束缚，人们渴望无须戴专用眼镜即可看到立体影像。由此，出现了裸体立体显示系统。其显示技术结合双眼的视觉差和图片三维的原理，自动生成两幅图片，一幅给左眼看，另一幅给右眼看，使人的双眼产生视觉差异。由于双眼观看液晶的角度不同，因此不用戴上立体眼镜就可以看到立体的图像。

美国某公司推出的一款液晶显示器，采用了一种被称为视差照明的开关液晶技术，实现了裸体立体显示效果。该液晶显示器的推出，在业界引起了巨大震动，极大地刺激了各大电子消费产品企业对 3D 液晶显示技术研发的热情，新的技术和产品喷薄而出，如三洋电机有限公司采用的图像分割棒技术研发的 3D 显示器，飞利浦电子公司依据双凸透镜设计原理研发的 3D 显示器等。为保证 3D 产品之间的兼容性，2003 年 3 月，夏普公司、索尼公司、三洋公司等 100 家公司组成了一个 3D 联盟，共同开发 3D 产品。目前，在 3D 显示技术市场，日本厂商处于领先地位。夏普公司生产的 15 英寸液晶显示器，其通过数字输入端子完美再现清晰的画面，不用专门的眼镜便能欣赏立体画面显示，并配有专用按钮，实现 2D 和 3D 显示的切换。最新上市的三洋电机有限公司生产的 50 英寸 3D 液晶显示器可以让用户从任意视角（包括斜看）去欣赏立体图像。

第二节　听觉感知设备概述

为了获得更强的沉浸感和交互性，三维立体声音也是必不可少的。听觉是仅次于视觉的第二传感通道，人类从外界所获得的信息有近 20% 是通过耳朵得到的。由此可见，听觉感知设备在虚拟现实中具有非常重要的作用。

一、人类的听觉模型

（一）听觉生理结构

人耳是听觉器官的统称，与人的眼睛的视觉机构的复杂程度差不多。人耳听觉机构由具有不同作用的三部分组成，即外耳、中耳和内耳。

外耳包括耳郭和外耳道，主要负责定向收集声波；中耳包括鼓膜、听骨链、鼓室和咽鼓管等部分，主要把外耳收集到的声音传递给内耳，并保护内耳；内耳包括半规管、前庭和耳蜗三部分，负责放大、滤波和提取声音特征并传递给大脑，其中耳蜗主要起感声作用。

（二）听觉因素

1.频率范围

人耳可感知的频率范围为 20Hz ~ 20kHz。随着年龄的增加，频率范围逐渐缩小，特别是高频段。其中，人耳平均分辨能力最灵敏的频段是 1 ~ 3kHz，当频率从 1kHz 变化到 1003Hz 时，耳朵就能够觉察出频率的变化。在低于 1kHz 时，人耳的平均分辨能力略弱，需要变化约 10Hz 才能觉察到。而在 16 ~ 20kHz 这一频段时，人耳的分辨能力就更差了。

2.声音定位

在房间里看电视的人，即使闭上眼睛也能够确定电视在哪里，这就是人的声音定位。人不仅能够听到直接来自电视机的声音，还能听到许多从房间四壁反射回来的声音。反射声音表面对声音起到过滤的作用。收听者自己的身体也会对声音产生过滤作用。声音以极其细微的时间差或者强度差传入内耳。收听者的大脑根据听到的声音特点和时间来确定电视机的位置。

人类通过对声音的定位来确定声源的方向和距离。相关研究表明，一般情况下人脑是利用经典的"双工理论"识别声源位置的，即两耳收到的声音的时间差异和强度差异。时间差异是指声音到达两个耳朵的时间之差，即一个声源放在头的右侧测量声音到达两耳的时间，声音会首先到达右耳，若两耳路径之差为 20cm，则时间差为 0.6ms。当人面对声源时，两耳的声强和路径相等。同理，基于声音到达两耳的强度上的差异被称为声音强度差异。强度差异对高频率声音定位特别灵敏，而时间差异对低频率声音定位相对灵敏。所以，只要到达两耳的声音存在时间差异或者强度差异，人就会判断出声源的方向。

3.声音的掩蔽

一个较弱的声音（被掩蔽音）的听觉感受被另一个较强的声音（掩蔽音）影响的现象被称为人耳的"掩蔽效应"，一般分为两种类型：频域掩蔽和时域掩蔽。

频域掩蔽是指掩蔽音与被掩蔽音同时作用时发生掩蔽效应，又称同时掩蔽。掩蔽音在掩蔽效应发生期间一直起作用，是一种较强的掩蔽效应。通常，频域中的一个强音会掩蔽与之同时发生的附近的弱音，弱音离强音越近，一般越容易被掩蔽；反之，离强音较远的弱音不容易被掩蔽。例如，一个1000Hz的音比另一个900Hz的音高18dB，则900Hz的音将被1000Hz的音掩蔽。而若1000Hz的音比离它较远的另一个1800Hz的音高18dB，则这两个音将同时被人耳听到。若要让1800Hz的音听不到，则1000Hz的音要比1800Hz的音高45dB。一般情况下，低频的音容易掩蔽高频的音。

时域掩蔽是指掩蔽效应发生在掩蔽音与被掩蔽音不同时出现时，又称异时掩蔽。异时掩蔽又分为超前掩蔽和滞后掩蔽。若掩蔽声音出现之前的一段时间内发生掩蔽效应，则被称为超前掩蔽；否则被称为滞后掩蔽。产生时域掩蔽的主要原因是人的大脑处理信息需要花费一定的时间。异时掩蔽随着时间的推移会很快衰减，是一种弱掩蔽效应。一般情况下，超前掩蔽只有5～20ms，而滞后掩蔽却可以持续50～100ms。

4.头相关传递函数

传统的计算机系统在产生立体声音时，通常就考虑上面的几个听觉因素。但这些声音的产生并没有考虑用户所在的位置。如果用户的头部移动，声音效果并不随之改变，这就破坏了听觉的真实感。在实际的虚拟现实系统中，用户会在一定的范围内移动，所以必须考虑随着用户位置的变化，虚拟声源相对于耳朵的位置也应该发生变化，也就是考虑声源到耳内部的传递过程。

有学者认为通过改变进入耳朵的声音的形式，会产生外部的声音舞台的感觉。耳机（特别是插入式耳塞）使人感觉的声音舞台是内部的。如果耳机的左右通道能够人为地实时构成声音，便会让人感觉声音产生在外部。为此需知道声音的传播形状，也就是解释声源是如何传递到人耳内部的，即由声源到耳内部的传递函数。此函数将通过跟踪用户的头部位置得到的信息进行集成，通常被称为"头相关传递函数"。它反映头和耳对传声的影响，不同的人有不同的头相关传递函数。但是已经有研究开始寻找对各种类型的人都通用，并且能提供足够好的效果的头相关传递函数。

二、听觉感知设备

听觉感知设备用以实现虚拟现实中的听觉效果。在虚拟的环境中，为了提供听觉通道，使用户有身临其境的感觉，需要设备模拟三维虚拟声音，并用播放设备生成虚拟世界中的立体三维声音。

相对于视觉显示设备来说，听觉感知设备相对较少，但是听觉感知设备对虚拟现实的体验也是至关重要的。通过人的听觉模型可知，听觉的根本就是三维声音的定位。所以对于听觉感知设备，其最核心的技术就是三维虚拟声音的定位技术。

（一）听觉感知设备的特性

1.全向三维定位特性

全向三维定位特征是指在三维虚拟空间中把实际声音信号定位到特定虚拟声源的能力。它能使用户准确地判断出声源的精确位置，从而符合人们在真实境界中的听觉方式。如同在现实世界中，人一般先听到声响，然后再用眼睛去看，听觉感知设备不仅可以根据人的注视方向，还可以根据所有可能的位置来监视和识别信息源。一般情况下，听觉感知设备首先提供粗调的机制，用来引导较为细调的视觉能力的注意。在受干扰的可视显示中，用听觉引导人眼对目标的搜索要优于无辅导手段的人眼搜索，即使是对处于视野中心的物体也是如此，这就是声学信号的全向特性。

2.三维实时跟踪特性

三维实时跟踪特性是指在三维虚拟空间中实时跟踪虚拟声源位置变化或场景变化的能力。当用户头部转动时，这个虚拟的声源的位置也应随之变化，使用户感到真实声源的位置并未发生变化。而当虚拟物体位置移动时，其声源位置也应有所变化。因为只有声音效果与实时变化的视觉相一致，才可能产生视觉和听觉的叠加与同步效应。如果听觉感知设备不具备这样的实时能力，看到的景象与听到的声音会相互矛盾，听觉就会削弱视觉的沉浸感。

（二）常用的听觉感知设备

虚拟现实技术中所采用的听觉感知设备主要有耳机和扬声器两种。

1.耳机

基于头部的听觉显示设备（耳机）会跟随参与者的头移动，并且只能供一个人使用，提供一个完全隔离的环境。通常情况下，在基于头部的视觉显示设备中，用户可以使用封闭式耳机屏蔽掉真实世界的声音。

根据戴在耳朵上的方式，耳机分为两类：一类是护耳式耳机，它很大，有一定的重量，用护耳垫套在耳朵上；另一类是插入式耳机（或耳塞），声音通过它送到耳中某一点。插入式耳机很小，封闭在可压缩的插塞中，可放入耳道中。耳机的发声部分一般情况下远离耳朵，其输出的声音经过塑料管传递（一般为2mm内径），它的终端在类似的插塞中。

由于耳机通常是双声道的，因此比扬声器更容易实现立体声和3D空间化声音的表现。耳机在默认情况下显示头部参照系的声音，即当3D虚拟世界中的世界应该表现为来自某个特定的地点时，耳机就必须跟踪参照者头部的位置，显示出不同的声音，及时地表现出收听者耳朵位置的变化。与戴着耳机听立体声音乐不同，在虚拟现实体验中，声源应该在虚拟世界中保持不变，这就要求耳机具有跟踪参与者的头，并对声音进行相应过滤的功能。例如，在房间里看电视，电视在用户的对面，如果戴上耳机，电视在用户的前面发出声音，如果转身，耳机需跟踪头的位置，并对跟踪到的信息进行计算，使得这个声音永远固定在用户的前方，而不是相对于头的某个位置。

2. 扬声器

扬声器又称"喇叭"，是一种十分常用的电声转换器件，它是一种位置固定的听觉感知设备，大多数情况下能很好地给一组人提供声音，也可以在基于头部的视觉现实设备中使用。扬声器固定不变的特性，能够使用户感觉声源是固定的，更适用于虚拟现实技术。但是，使用扬声器创建空间化的立体声音就比耳机困难得多，因为扬声器难以控制两个耳膜收到的信号以及两个信号的时间差异和强度差异。在调节给定系统，对给定的听者头部位姿提供适当的感知时，如果听者头部离开这个点，这种感知就会很快衰减。至今还没有一个扬声器系统能够包含头部跟踪信息，并用这些信息随着用户头部位姿变化适当调节扬声器的输入。

环绕立体声是使用多个固定扬声器表现 3D 空间化声音的结果。环绕立体声的研究一直在进行。最有名的使用非耳机显示的系统是伊里诺斯大学开发的系统，它使用 4 个同样的扬声器，它们安在天花板的四角上，而且其幅度变化（衰减）可以仿真方向和距离效果。目前正在开发的系统，将扬声器安在长方体的 8 个角上，而且把反射和高频衰减加入用于空间定位的参数中。这项技术的实现有一定的难度，主要是因为两个耳朵都能听见来自每个扬声器的声音。

第三节　触觉反馈和力反馈设备

通常情况下，人们在看到一个物体的形状，听到物体发出的声音后，很希望通过亲手触摸物体来感知它的质地、纹理和温度等，从而获得更多的信息。同样，在虚拟环境中，人不可避免地希望能够与其物体进行接触，能够更详细、更全面地去了解此物体。触摸和力量感觉能够提高动作任务完成的效率和准确度。如果在虚拟世界中提供有限的触觉反馈和视觉反馈，就能够大大增强虚拟环境的沉浸感和真实感。某试验发现，简单的双指活动，如果将触觉反馈和视频显示综合起来，其性能要比单独使用视频显示提高10%；并且，当视频显示失败时，附加使用触觉反馈则会使性能提高30%以上。由此可见，触觉和视觉反馈在虚拟世界中也具有举足轻重的作用。

一、触觉反馈和力反馈模型

触觉反馈称为接触反馈，是指来自皮肤表面敏感神经传感器的触感，包括接触表面的几何结构、表面硬度、滑动和温度等实时信息。力反馈提供对象的表面柔顺性、对象的重量和惯性等实时信息。它主要抵抗用户的触摸运动，并能阻止该运动。

触觉反馈和力反馈是人类感觉器官的重要组成部分，通过传送一类非常重要的感官信息，帮助用户利用触觉来识别环境中的对象，并通过移动这些对象执行各种各样的任务。一般分为两类：一类是在探索某个环境时，利用触觉和力觉信息去识别所探索对象及对象的位置和方向；另一类是利用触觉和力觉去操纵和移动物体以完成某种任务。

触觉反馈和力量反馈是两种不同形式的力量感知，两者不可分割。当用户感觉到物体的表面纹理时，同时也感觉到了运动阻力。在虚拟环境中，触觉反馈和力量反馈都是使用户具有真实体验的交互手段，也是改善虚拟环境的一种重要方式。

对于人而言，大部分的触觉和视觉都来自手和手臂，以及腿和脚。但是感受密度最高的应属指尖，指尖能够区分出距离 2.5mm 的两个接触点。而人的手掌却很难区别出距离 11mm 以内的两个点，用户的感觉就像只存在一个点。在触觉反馈和力反馈模型的研究中，主要以手指为研究核心来设计触觉反馈和视觉反馈设备。

触觉反馈和力反馈与前面介绍的视觉、听觉反馈结合起来，可以大大提高仿真的真实感。没有触觉反馈和力反馈，就不可能与环境进行复杂和精确的交互，在虚拟现实交互中，也就没有真实的被抓物体。所以，对虚拟触觉反馈和力反馈提出以下要求。

（一）实时性要求

为实现真实感，虚拟触觉反馈和力反馈需要实时计算接触力、表面形状、平滑性和滑动等。

（二）安全性保障

安全问题是触觉反馈和力反馈的首要问题。触觉反馈和力反馈设备需要对手或者人体的其他部位施加真实的力，一旦发生故障，会对人体施加很大的力，可能伤害到人。因此设备产生的力要让用户感觉到，同时又不能太大，否则会伤害到用户。所以，通常要求这些装置具有"故障安全"性，即一旦计算机或装置出现故障，用户也不会受到伤害，整个系统仍然是安全的。

（三）轻便和舒适的特点

在这种设备中，如果执行机械太大且太重，则用户很容易疲劳，也增加了系统的复杂性和成本。轻便的设备便于用户携带使用和现场安装。

二、触觉反馈设备

目前，由于技术的发展水平有限，成熟的商品化触觉反馈装置也只能提供最基本的"触到了"的感觉，无法提供材质、纹理和温度等感觉，并且触觉反馈装置仅局限于手指触觉反馈装置。按照触觉反馈的原理，手指触觉反馈装置可以分为基于视觉式、充气式、振动式、电刺激式和神经肌肉刺激式 5 类装置。

基于视觉的触觉反馈是基于视觉来判断是否接触的，即是否看到接触。这是目前虚拟现实系统普遍采用的方法。通过碰撞检测计算，在虚拟世界中显示两个物体相互接触的情景。由此可见，基于视觉的触觉反馈事实上不应该属于真正的触觉反馈装置，因为用户的手指头根本没有接收到任何接触的反馈信息。

基于电刺激式的触觉反馈是通过生成电脉冲信号刺激皮肤，达到触觉反馈的目的的。另一种神经肌肉刺激式触觉反馈也是通过生成相应刺激信号去刺激用户相应感觉器官的外壁的。由于这两种装置有一定的危险性，不安全，因此在这里不予讨论。

本节主要讲述较为安全的触觉反馈装置——充气式和振动式触觉反馈装置。

（一）充气式触觉反馈装置

充气式触觉反馈装置的工作原理是在数据手套中配置一些微小的气泡，每一个气泡都有两条很细的进气和出气管道，所有气泡的进、出气管汇总在一起与控制器中的微型压缩泵相连接。该装置根据需要采用压缩泵对气泡进行充气和排气。充气时，微型压缩泵迅速加压，使气泡膨胀而压迫刺激皮肤达到触觉反馈的目的。

利用该装置的某手套由两层组成，两层手套中间排列着 29 个小的空气袋和 1 个大的空气袋，便于分散接触。大气泡安装在手掌部位，使手掌部位也能产生接触感。当加压到 30 磅 / 平方英寸（1 磅 / 平方英寸 ≈6.89 千帕）时，它抵抗用户的抓取动作，提供对手掌的力反馈。此外，在食指指尖、中指指尖和大拇指指尖这三个灵敏手指部位配置了更多的气泡（食指指尖配置了 4 个空气袋的阵列，中指指尖有 3 个，大拇指指尖有 2 个），目的是模拟手指在虚拟物体表面上滑动的触感，只要逐个驱动指尖上的气泡就能给人一种接触感。但是膨胀气泡技术存在一些固有的困难。首先，在制作数据输入手套时，很难设计出一种适合所有用户的设备；其次，硬件使用麻烦，难于维护，非常脆弱；最后，填充和排空气泡的响应时间很慢，特别是基于气压的系统更是如此。这些固有的缺点导致了该系列手套不再生产。

（二）振动式触觉反馈装置

振动式触觉反馈装置将振动激励器集成在手套输入设备中。两种典型的装置为探针阵列式振动触觉反馈设备和轻型形状记忆合金的振动触觉反馈设备。

1. 探针阵列式振动触觉反馈设备

探针阵列式振动触觉反馈设备的工作原理是利用音圈（类似于扬声器中带动纸盒振动的音圈）产生的振动刺激皮肤达到触觉反馈的目的。这一装置的原理是在传感手套中把两个音圈装在拇指和食指的指尖上，音圈由调幅脉冲来驱动，接受来自个人计算机仿真触觉的模拟信号的调制，模拟信号经功率放大器放大后送入音圈。

20世纪90年代，一个使用声音线圈的新产品诞生，它有6～10个声音线圈，以210Hz的固定频率激励，可以任意改变反馈信号的频率和幅度。

即使没有空间分布的信息，声音线圈也能使性能改进（由于其结构，声音线圈的振动盘不能仿真单个指尖上的不同接触点）。提供这种空间信息的一种技术是使用微针阵列，类似于盲文显示器所用的阵列。这些显示器是小针或空气喷嘴的阵列，它们可以被激励，以压迫用户的指尖。但是，这些设备太重，尚不能用于虚拟现实的接触反馈。

2. 轻型形状记忆合金振动触觉反馈设备

另一种振动式触觉反馈装置的系统将轻型的记忆合金作为传感器的装置。有学者制造出一个轻型"可编程接触仿真器"并取得了专利，它使用轻型的形状记忆合金驱动器来减少重量。

形状记忆合金是锌铁记忆合金，是一种特殊的元件。当记忆合金丝通电、加热时，因焦耳效应发热，合金将收缩；当电流中断时，记忆合金丝冷却下来，恢复原始形状。

为了产生触觉的位置感，把微型触头排列成点阵形式。每一触点都是可编程控制的。微型触头由一条弯成直角的金属条制成，通常称为拉长的悬臂梁，一端向上弯曲90°，一端固定在底板上。在直角拐弯处焊有一条记忆合金丝。当记忆合金丝通电加热时产生收缩，从而向上拉动触头，弯曲悬臂梁使悬臂梁弯曲端上的塑料帽触头顶出表面，接触手指皮肤而产生触觉感知；当电流中断时，记忆合金丝冷却下来，悬臂梁把触头收回驱动器阵列内，恢复原状。由于每个触头都是单独编程控制的，如果按顺序进行通、断控制，就可以使皮肤获得在物体表面滑动的感觉。

对触头阵列的控制有两种方式，即时间控制方式和空间控制方式。按时间方式控制全部触头的导通和断开，产生触头周期的起伏效果，在指尖上造成振动感，达到触觉反馈的目的。按空间方式控制触头意味着空间位置不同的触头可独立控制，以便传达接触表面的形状。如果控制触头按行顺序导通、断开，将得到触觉按行顺序传递的感觉，即类似于手指在表面滑动的触觉。与充气式触觉反馈装置相比，记忆合金反应较快，通常适合在不连续、快速的反馈场合使用。

三、力反馈设备

力反馈设备是运用先进的技术手段跟踪用户身体的运动，将其在虚拟物体的空间运动转换成对周边物理设备的机械运动，并施加力给用户，使用户能够体验到真实的力度感和方向感，给用户提供一个立即的、高逼真的、可信的真实交互。在实际应用中常见的力反馈设备有力反馈鼠标、力反馈操纵杆、力反馈手臂以及力反馈手套。

（一）力反馈鼠标

力反馈鼠标是给用户提供力反馈信息的鼠标设备。用户使用力反馈鼠标像使用普通鼠标一样移动光标。不同的是，当使用力反馈鼠标时，光标就变成了用户手指的延伸。光标所触到的任何东西，就像用户用手触摸到的一样。用户能够感觉到物体真实的质地、表面纹理、弹性、液体、摩擦、磁性和振动。例如，当用户移动光标进入一个虚拟障碍物时，这个鼠标就对人手产生反作用力，阻止这种虚拟的穿透。因为鼠标阻止光标穿透，用户就感到这个障碍物像一个真的硬物体，产生与硬物体接触的幻觉。

这些类似鼠标的力反馈鼠标，可以让计算机用户真实地感受到网页页面、图形软件、计算机辅助设计应用程序，甚至是 Windows 操作界面。当用户上网购物时，只要把光标移动到某项商品上，反馈器就能模拟出物品的质感并反馈给用户。但为了保证鼠标发挥作用，网络商店必须在自己的商品链接上加装相对应的软件来响应鼠标。

力反馈鼠标只提供了两个自由度，功能范围有限，限制了它的应用。并且其所对应的软件，如网络软件、绘图软件等都不尽如人意，需要进一步提高。目前，力反馈鼠标主要用在娱乐领域，如游戏等。

（二）力反馈操纵杆

力反馈操纵杆装置是一种桌面设备，其优点是结构简单、重量轻、价格低和便于携带。它有一操纵杆架在两个驱动轴上，每一链杆上有一可调整轴承，提供旋转和滑动，其目的是补偿两个马达轴不能精确成直角相交。链杆与电位计相连，而电位计则由精密轴承支撑。两个马达有四极永磁转子，直接安装在电位计轴上。操作杆以伺服方式工作，也可用作位置输入工具（相对或绝对）。

由于其具有较高带宽，因此可以产生许多力和接触感，如恒定力、脉冲、振动和刚度变化。目前已经有很多非常简单、比较便宜的力反馈操纵杆，这些设备自由度比较小，外观也比较小巧，能产生中等大小的力，有较高的机械带宽。其支持 9 个可编程按钮，以及 USB 接口和外加电源。在 Windows 的任何系统下都可以使用。

（三）力反馈手臂

力反馈手臂是较简单的力反馈设备，它只有三个自由度，功能有限。为了增加仿真的灵活性，力反馈手臂的仿真接口有了一定的改进。

早期对力反馈手臂的研究是为控制远程机器人而设计的，相对而言比较笨重。该传感器有 6 个自由度，由这个传感器测量手臂传递给操作者的力和力矩。该力反馈手臂设计精巧，有 4 个关节的铝制操作器，即 4 个自由度。它用线性位置传感器跟踪柱面关节的运动，气动的气缸把反馈力矩加于关节上，压力传感器再控制传输此力。操作者手持一个力反馈传感器，该传感器受操作者手腕控制。

力反馈手臂的设计主要是用来仿真物体重量、惯性以及与刚性物体接触对人手产生的力反馈。力反馈手臂都具有嵌入式位置传感器和电子反馈驱动器设备，控制回路经过主计算机闭合，不适合在户外使用和安装。因此，其经常被更小巧的个人触觉接口取代。接口的主部件是一个末端带有铁笔的力反馈臂。有 6 个自由度，其中三个是活跃的，提供平移力反馈。铁笔的朝向是被动的，因此不会有转矩作用在用户上，导致用户受伤。力反馈臂的工作空间接近用户的手腕活动空间，用户的前臂放在一个支撑物上。

PHANTOM 力反馈系统，使用安装在驱动器的轴和转动电位计上的三个直流电刷发动机产生在 x、y、z 坐标上的三个力，通过光学解码器测量这三个力来确定手柄的方向。目前，该系统是在国外各实验室中广泛应用的产品。

它的缺点是价格昂贵，使用时不够轻便。但目前有 1000 多部这种设备在投入使用，它实际上已成为一种标准的专业触觉接口设备。

（四）力反馈手套

力反馈手臂、操纵杆和鼠标的共同特点是设备需放在台上或地面上，且只在手腕上产生模拟的力，所以限制了其使用范围。对那些灵活性要求比较高的任务，可能需要独立控制每个手指上模拟的力，则需要另一类重要的力反馈设备，即安装在人手上的力反馈手套。

CyberGrasp 力反馈手套。CyberGrasp 是一个轻便、无阻碍的力反应外壳，套在 CyberGlove 上并给每个手指施加阻力。有了 CyberGrasp 力反馈系统，用户就能探索仿真"虚拟世界"中计算机生成的三维物体的物理特性。

该系统支持6个自由度，是由带有22个传感器的 CyberGlove 改造得到的。CyberGlove 用于测量用户的手势。CyberGlove 的接口盒把得到的手指位置数据通过 RS-232 总线传送给系统的力控制单元，力控制单元接收来自用户佩戴的三维电磁跟踪器的手腕位置数据，得到的手部三维位置通过以太网（局域网）发送给运行仿真程序的主计算机，主计算机继而执行碰撞检测，并把得到的手指触点压力输入力控制单元，力控制单元接着把触点压力转换为模拟电流并放大发送给位于激励器单元中的 5 个电子激励器之一，激励器转矩通过电缆和 CyberGlove 外面的机械外骨架将其传送到用户的手指。外骨架起着双重作用，一方面使用每个手指上的两个凸轮引导电缆，另一方面当作机械放大器，增大指尖感觉到的力。外骨架通过指环、支撑板和维可牢尼龙搭扣附在电缆导件和 CyberGlove 上。外骨架电缆只允许在指尖施加单向力，与手指弯曲的方向相反。

在每个手指上能够产生的最大力为 16N，工作范围为半径 lm 的球形空间，允许手部在其范围内随意运动，不会阻碍配戴者的移动。设备可充分调节，以适合不同尺寸的手掌。

该系统的局限性表现为跟踪器的范围小和用户必须携带的设备重量大。最重要的是，必须戴在手臂上的那部分设备重达 539g，会导致用户疲劳。另一个缺点是系统的复杂性和价格都比较高，并且无法模拟被抓握的虚拟对象的重量和惯性。力反馈设备与前面讨论过的触觉反馈设备有很多不同之处。它用于阻止用户的运动，需要更大的激励器和更重的结构，因此这类设备更复杂，更昂贵。此外，力反馈设备需要很牢固地固定在某些支持结构上，以防止滑动和可能的安全事故。诸如操纵杆和触觉臂之类的力反馈接口是不可移动的，它们通常固定在桌子或地面上。

第四节　位置跟踪设备

一、位置跟踪设备概述

位置跟踪设备是实现人与计算机之间交互的方法之一。它的主要任务是检测有关对象的位置和方位，并将位置和方位信息报告给虚拟现实系统。在虚拟现实系统中，用于跟踪用户的方式有两种：一种方式是跟踪头部位置与方位来确定用户的视点与视线方向，而视点位置与视线方向是确定虚拟世界场景显示的关键；另一种方式即为最常见的应用，跟踪用户手的位置和方向，这是带有跟踪系统的数据手套所获取的关键信息。带跟踪系统的传感器手套把手指和手掌伸屈时的各种姿势转换为数字信号送给计算机，然后被计算机所识别、执行。

位置跟踪设备主要是三维位置跟踪器，它利用相应的传感器设备在三维空间中对活动对象进行探测并返回相应的三维信息。所以，三维位置跟踪器的设计主要从六自由度和一些性能参数两方面来考虑。

（一）六自由度

在理论力学中，物体的自由度是确定物体的位置所需要的独立坐标数，当物体受到某些限制时，自由度减少。假如将质点限制在一条直线或一条曲线上运动，它的位置可以用一个参数表示，所以质点的运动只有一个自由度。假如将质点限制在一个平面或一个曲面上运动，位置由两个独立坐标来确定，它有两个自由度。假如质点在空间自由运动，位置由三个独立坐标来确定，它就有三个自由度。

物体在三维空间中运动时，其具有 6 个自由度，包括三个平移运动方向和三个旋转运动方向。物体可以前后（沿 X 轴）、上下（沿 Y 轴）和左右（沿 Z 轴）运动，称为平移运动。另外，物体还可以围绕任何一个坐标轴做旋转运动。借用飞机术语，这些旋转运动称为滚动（绕 X 轴）、偏航（绕 Y 轴）和倾斜（绕 Z 轴）。由于这几个运动都是相互正交的，并对应 6 个独立变量，即用于描述三维对象的 x、y、z、俯仰角、转动角和偏转角，因此这 6 个变量通常被称为六自由度。

当三维对象高速运动时，对位置跟踪设备的要求是必须能够足够快地测量、采集和传送三维数据。这意味着传感器无论基于何种原理和技术，都不应该限制或妨碍物体的自由运动，如果物体运动受到某些条件的限制，自由度就会相应减少。

（二）性能参数

在虚拟现实系统中，对用户的实时跟踪和接受用户动作指令的交互技术的实现主要依赖各种位置跟踪器，它们是实现人机之间沟通的极其重要的通信手段，是实时处理的关键技术。通常位置跟踪器具有以下几个方面的性能参数。

1. 精度和分辨率

精度和分辨率决定一种跟踪技术反馈其跟踪目标位置的能力。分辨率是指使用某种技术能检测的最小位置变化，小于这个距离和角度的变化将不能被系统检测到。精度是指实际位置与测量位置之间的偏差，是系统所报告的目标位置的正确性，或者说是误差范围。

2. 响应时间

响应时间是对一种跟踪技术在时间上的要求，它又分为 4 个指标，即采样率、数据率、更新率和延迟。

采样率是传感器测量目标位置的频率。现在大部分系统为了防止丢失数据，采样率一般都比较高。

数据率是每秒钟所计算出的位置个数。在大部分系统中，高数据率是和高采样率、低延迟和高抗干扰能力联系在一起的，所以高数据率是人们追求的目标。

更新率是跟踪系统向主机报告位置数据的时间间隔。更新率决定系统的显示更新时间，因为只有接到新的位置数据，虚拟现实系统才能决定显示的图像以及整个的后续工作。高更新率对虚拟现实系统十分重要。低更新率的虚拟现实系统缺乏真实感。

延迟表示从一个动作发生到主机收到反映这一动作的跟踪数据的时间间隔。虽然低延迟依赖高数据率和高更新率，但两者都不是低延迟的决定因素。

3. 鲁棒性

鲁棒性是指一个系统在相对恶劣的条件下避免出错的能力。由于跟踪系统处在一个充满各种噪声和外部干扰的实际世界，跟踪系统必须具有一定的鲁棒性。一般外部干扰可分为两种：一种称为阻挡，即一些物体挡在目标物和探测器中间所造成的跟踪困难；另一种称为畸变，即由于一些物体的存在而使探测器所探测的目标定位发生畸变。

4. 整合性

整合性是指系统的实际位置和检测位置的一致性。一个整合性能好的系统能始终保持两者的一致性。与精度和分辨率不同，精度和分辨率是指一次测量中的正确性和跟踪能力，而整合性能则注重在整个工作空间内一直保持位置对应正确。虽然好的分辨率和高精度有助于系统获得好的整合性能，但累积误差会降低系统的整合能力，使系统报告的位置逐渐远离正确的物理位置。

5. 合群性

合群性反映虚拟现实跟踪技术对多用户系统的支持能力，包括两方面的内容，即大范围的操作空间和多目标的跟踪能力。实际跟踪系统不能提供无限的跟踪范围，它只能在一定区域内跟踪和测量，这个区域通常被称为操作范围或工作区域。显然，操作范围越大，越有利于多用户的操作。大范围的工作区域是合群性的要素之一。多用户的系统必须有多目标跟踪能力，这种能力取决于一个系统的组成结构和对多边作用的抵抗能力。系统结构有许多形式，可以是将发射器安装在被跟踪物体上面（所谓由外向里结构），也可以是将感受器装在被跟踪物体上（所谓由里向外结构）。系统中可以用一个发射器，也可以用多个发射器。总之，能独立地对多个目标进行定位的系统将有较好的合群性。

多边作用是指多个被跟踪物体共存情况下产生的相互影响，比如，一个被跟踪物体的运动也许会挡住另一个物体上的感受器，从而造成后者的跟踪误差。多边作用越小的系统，其合群性越好。

6.其他性能指标

跟踪系统的其他一些性能指标也是值得重视的，如重量和大小。由于虚拟现实的跟踪系统需要用户戴在头上，套在手上，因此轻便和小巧的系统能使用户更舒适地在虚拟现实环境中工作。安全性指的是系统所用技术对用户健康的影响。

目前，用于位置跟踪和映射的基本传感系统有机械链接、磁传感器、光传感器、声传感器和惯性传感器。它们每种技术各有优点，但不论选择何种技术，用户都会受到某些限制，有时需要对一些跟踪装置进行校准。下面将介绍各种位置跟踪设备的工作原理、性能分析以及相应产品。

二、机械式位置跟踪设备

机械式位置跟踪设备是一种较古老的跟踪方式，使用连杆装置组成。其工作原理是通过机械连杆上多个带有精密传感器的关节与被测物体相接触的方法来检测其位置变化。对于一个六自由度的跟踪设备，机械连杆必须有 6 个独立的机械连接部件，分别对应 6 个自由度，可将任何一种复杂的运动用几个简单的平动和转动组合来表示。

通常情况下，机械式位置跟踪设备分为两类。一类是"安在身体上"的机械式位置跟踪设备。这类设备将机械全部安在身上，称为人体的外骨骼，用于关节角的测量。如果加上触觉接口，就形成了力反馈外骨骼。因为戴在身上，所以它是轻便的、可移动的。但如果身体运动，就要求使用其他方法跟踪身体运动。它们与肢体运动有同样的工作空间，因此有全范围的运动测量。缺点是安装和校准都很困难。另外身体担负着机械设备，容易感到疲劳。

另一类为"安在地面上"的机械式位置跟踪设备。大自由度末端跟踪的机械部分，包括驱动器等安装在地面上。操作者牢固地抓住手操作器，或者头盔牢固地缚在头上就可以完成测量。缺点是由于操作者被连在地面，工作空间受到限制。

机械式位置跟踪设备是一个比较便宜、精确度较高和响应时间较短的系统。它可以测量物体的整个身体运动，没有延迟，而且不受声、光、电磁波等外界的干扰。另外，它能够与力反馈装置组合在一起，因此在虚拟现实技术应用中更具魅力。但其缺点是比较笨重，不灵活，而且有惯性。由于机械连接的限制，其工作空间也受到一定的限制，而且工作空间中还有一块中心地带是不能进入的，俗称机械系统的死角。机械式位置跟踪设备通常是单用户，多用户操作易相互干扰。

三、电磁式位置跟踪设备

电磁式位置跟踪设备是利用磁场的强度进行位置和方位跟踪的。一般来说，电磁式位置跟踪设备包括发射器、接收器、接口和计算机。电磁场由发射器发射，接收器接收到这个电磁场后转换成电信号，并将此信号送到计算机，计算机中的控制部件对其计算后，得出跟踪目标的数据。多个信号综合后可得到被跟踪物体的 6 个自由度数据。

根据发射磁场的不同，电磁式位置跟踪设备可分为交流电发射器与直流电发射器。交流电发射器由三个互相垂直的线圈组成，当交流电在三个线圈中通过时，将产生互相垂直的三个磁场分量，并在空间传播。接收器也由三个互相垂直的线圈组成，当有磁场在线圈中变化时，线圈上就会产生一个感应电流，接收器感应电流强度与其距发射器的距离有关。交流电发射器的主要缺点是易受金属物体的干扰。交变磁场会在金属物体表面产生涡流，使磁场发生扭曲，测量数据容易产生错误，因此会影响系统的响应性能。

直流电发射器也是由三个互相垂直的线圈组成的。不同的是它发射的是一串脉冲磁场，即磁场瞬时从零跳变到某一强度，再跳变回零，如此循环形成一个开关式的磁场向外发射。感应线圈接受这个磁场，再经过一定的处理后，可得出跟踪物体的位置和方向。直流电发射器能避免金属物体的干扰，因为磁场静止时，金属物体没有涡流，不会对跟踪系统产生干扰。

电磁式位置跟踪设备的优点是不存在遮挡问题，接收器与发射器之间允许有其他物体，也就允许用户自由走动。相对于其他传感器，它的价格较低、精度适中、采样率高（可达 120 次 / 秒）、工作范围大（可达 60m²），允许多个磁跟踪器跟踪整个身体的运动，并且扩大了跟踪运动的范围。其缺点是易受电子设备、铁磁场材料的干扰。测量距离加大时误差会增加，时间延迟较大（达 33ms），会有小的抖动。电磁式位置跟踪设备在测量物体时，将发射线圈和接收线圈其中之一固定，另一个固定安装在被测物体上，即可测量三个坐标以及三个姿态角度。它主要用来测量头、手以及其他设备的位姿。测量头的位置和方向时，将轻便的电磁接收器安装在头盔上，发射器安装在地面。如果测量手，与测量头类似，将接收器安装在数据手套上，电磁发射器安装在地面。

美国某公司生产的电磁传感器，为运动物体位置和方位角的记录提供了完美的解决方案，是运动追踪领域的代表。它采用了动态的、实时的六自由度的位置测量，消除了延迟，精度达到 0.03 英寸（1 英寸 ≈2.54 厘米）和 0.15°，测量范围可达 15 英尺（1 英尺 ≈30.48 厘米），采样率达 120Hz。采用交流磁场，由标准 RS-232 串型接口连接计算机。

乌群位置跟踪器也是一款典型的位置跟踪设备，它包括一个发射器、若干接收器和若干控制盒，其中一个接收器对应一个控制盒。另外，可选择性地搭配扩展发射器和扩展控制盒，其作用是加大跟踪器的工作空间，扩展器也可以级联来继续扩展。采用直流磁场，可以补偿磁场失真。精度为 0.1 英寸和 0.5°，测量范围可达 3 ~ 8 英尺，采样率达 144Hz（对每台测量设备），等待时间为 30ms。

四、超声波位置跟踪设备

超声波位置跟踪设备一般采用 20kHz 以上的超声波，人耳听不到，不会对人产生干扰，目前是所有跟踪技术中成本最低的。它由三个超声发射器的阵列（由安装在天花板上的三个超声扬声器组成）、三个超声接收器（由安装在被测物体上的三个麦克风组成）以及用于启动发射同步信号的控制器三部分组成。

根据不同的测量原理，超声波位置跟踪设备的测量方法分为两种：飞行时间法和相位相干法。

飞行时间法是基于三角测量的。周期性地激活各个发射器使其轮流发出高频的超声波，测量到达各个接收点的飞行时间，由此利用声音的速度得到发射点与接收点之间的 9 个距离，再由三角运算得到被测物体的位置。为了精确测量，要求发射器与接收器必须同步，为此可以采用红外同步信号。为了测量物体位姿的 6 个自由度，至少需要 3 个接收器和 3 个发射器。为了精确测量，要求发射器与接收器合理布局。一般把发射器安装在天花板的 4 个角上。

相位相干法的工作过程：在测量相位差的方式中，各个发射器发出高频的超声波，通过测量到达各个接收点的相位差来得到点与点的距离，再由三角运算得到被测物体的位置。声波是正弦波，发射器与接收器的声波之间存在相位差，这个相位差也与距离有关。这种测量方法是基于相对距离的，无法得知目标的绝对距离，每步的测量误差会随时间而积累。绝对距离必须在初始时由其他设备校准。

超声波位置跟踪设备的优点是简单、经济，不受电磁干扰，不受临近物体的影响，接收器易于安装在被测物体上。缺点是工作范围有限，信号传输不能受遮挡，易受到温度、气压等环境因素和环境反射声波的影响。飞行时间法有低的采样率和低的分辨率，容易受到噪音声波的干扰，易适宜小范围内工作。相位相干法每步的测量误差会随时间而积累，需要不断地调整初始值。

五、光学式位置跟踪设备

光学式位置跟踪设备是利用光学感知来确定对象的实时位置和方向的。光学式位置跟踪设备的测量与超声波位置跟踪设备类似，基于三角测量。光学式位置跟踪设备主要包括感光设备（接收器）、光源（发射器）以及用于信号处理的控制器。用于位置跟踪的感光设备多种多样，如普通摄像机、光敏二极管等。光源可以是环境光，也可以是结构光（如激光扫描）或脉冲光（如激光雷达）。为了防止可见光的干扰，通常采用红外线、激光等作为光源。

常用的光学式位置跟踪设备分为三种：从外向里看的跟踪设备、从里向外看的跟踪设备和激光测距光学跟踪设备。

如果跟踪设备的感知部件，如普通摄像机、光敏二极管或其他光传感器是固定的，并且用户身上装有一些能发光的灯标作为光源发射器，那么这种位置跟踪设备称为从外向里看的跟踪设备。位置测量可以直接进行，方向可以从位置数据中推导出。跟踪设备的灵敏度随着用户身上灯标之间距离的增加和用户与感知部件之间距离的增加而降低。反之，从里向外看的跟踪设备是在被跟踪的对象或用户身上安装感知部件，通过感知部件观测固定的发射器，从而得出自身的运动情况，就好像人类通过观察周围固定景物的变化得出自己身体位置的变化一样。它对于方向上的变化是最敏感的，因此在头盔显示器的跟踪中非常有用。并且从里向外看的跟踪设备比从外向里看的跟踪设备更容易支持多用户作用，因为它不必去分辨两个活动物体的图像。但从里向外看的跟踪设备在跟踪比较复杂的运动，尤其是像手那样的运动时就显得很困难，所以数据手套上的光学跟踪设备一般采用从外向里结构。

激光测距光学跟踪设备是将激光发射到被测物体，然后接收从物体上反射回来的光来测量位置。激光通过一个衍射光栅射到被跟踪物体上，然后接收经物体表面反射的二维衍射图信号。这种经反射的衍射图信号带有一定畸变，而这一畸变与距离有关，所以可用作测量距离的一种量度。像其他许多位置跟踪系统一样，激光测距系统的工作空间也受限制。由于激光强度在传播过程中的减弱和激光衍射图信号变得越来越难以区别，因此其精度也会随距离增加而降低。但它无须在跟踪目标上安装发射器和接收器的优点，使它具有潜在的发展前景。

由于光的传播速度很快，因此光学式位置跟踪设备最显著的优点是速度快、具有较高的更新率和较低的延迟，较适合实时性强的场合。其缺点是要求畅通无阻，不能阻挡视线。它常常不能进行角度方向的数据测量，只能进行 X、Y、Z 轴上的位置跟踪。另外，工作范围与精度之间也存在矛盾。在小范围内工作效果好，随着距离变大，其性能会变差。一般通过增加发射器或接收传感器的数目来缓和这一矛盾。但增加成本和系统的复杂性，会对实时性产生一定的影响。价格昂贵也是光学跟踪器的缺点，一般只在军用系统中使用。

六、惯性位置跟踪设备

惯性位置跟踪设备是通过盲推得出被跟踪物体的位置的，也就是说完全通过运动系统内部的推算，不设计外部环境就可以得到位置信息。

目前，惯性位置跟踪设备由定向陀螺和加速计组成。定向陀螺用来测量角速度。将三个这样的陀螺仪安装在互相正交的轴上，可以测量出偏航角、俯仰角和滚动角的角速度，随时间的综合可以得到三个正交轴的方位角。加速计用来测量三个方向上平移速度的变化，即 X、Y、Z 方向的加速度，它是通过弹性器件形变来实现的。加速计的输出需要积分两次，得到位置；角速度值需要积分一次，得到方位角。

惯性传感设备的优点是不存在发射源、不怕遮挡、没有外界干扰，有无限大的工作空间。缺点是快速累积误差。陀螺仪的偏差会导致跟踪器的方向偏差随时间呈线性增加。加速计的偏差也会导致误差随时间呈平方关系增加。

七、混合位置跟踪设备

混合位置跟踪设备能够解决惯性位置跟踪设备的偏差问题，能达到更高的精度和更低的延迟。它是采用来自其他类型跟踪设备的数据，周期性地重新设置惯性跟踪设备的输出，解决偏差问题的。因为混合位置跟踪设备是其他跟踪设备和惯性跟踪设备的结合，所以通常也被称为混合惯性跟踪设备。典型的混合惯性跟踪设备由超声和惯性跟踪设备组成。它包括安在天花板上的超声发射器阵列、三个超声接收器、用于超声信号同步的红外触发设备、加速度计、角速度计和计算机。混合位置跟踪设备的关键技术是传感器融合算法。其过程是首先使用积分获得方向和位置数据；然后直接输出这些数据，确保混合跟踪设备总体延迟比较低；最后将输出数据与超声测距的数据进行比较，估计偏差数量，并重置积分过程。

使用混合位置跟踪设备的优点是改进了更新率、分辨率及抗干扰性（由超声补偿惯性的漂移），可以预测未来运动达50ms，快速响应（更新率为150Hz，延迟极小），无失真（无电磁干扰）。缺点是工作空间受限制（大范围时超声不能补偿惯性的漂移），要求视线不受遮挡，受温度、气压、湿度的影响，6D的跟踪要求有三个超声接收器。

八、常见的三维位置跟踪设备

三维位置跟踪设备通常使用一种或几种跟踪传感器原理，除前面介绍过的设备外，还有用于输入的设备种类，如立体鼠标、数据手套等。

（一）立体鼠标

立体鼠标是一个带有传感器的圆球，用于测量用户手施加在相应部件上的三个作用力和三个力矩。力和力矩根据弹簧形变定律间接地测量。立体鼠标通常被安装在固定平台上，它的中心是固定的，并装有6个发光二极管。相应的球的活动外层装有6个光敏传感器。当用户在运动球上施加力或扭转力矩时，6个光敏传感器测量其三个力和三个力矩。这些力和力矩数据经过RS-232串行线发送给主计算机。在主计算机中，将这些数值乘以一个软增量来获得受控对象位置和方向的微小变化，即可计算出虚拟空间中某物体的位置和方向等。

2002年推出的一款酷似手套的鼠标，通过一个基座由USB接口与计算机相连。使用时，将它戴在手上，5个手指的活动通过红外线传输给基座，再由基座传导给计算机。若运动食指，计算机屏幕上的光标就会随之运动，若指头在空中弹两下，即可启动程序。调出鼠标配置文件可进行各项有关设置。将一个独特的球体整合到鼠标中的旋转式三维鼠标，是获得2008年红点设计大奖的产品，使用者可以通过对球体的操作实现旋转、放大和缩小等多项操作。相比于传统鼠标，这种新颖的操作方式速度更快，而且更为直观，并且这款产品的掌托部位也与普通鼠标类似，可以帮助使用者更快地适应。

（二）数据手套

立体鼠标具有简单、工作速度快的优点。但从本质上来说，它限制用户手部的自由运动，只能在接近桌面的一小块区域中活动。为了能较理想地感知人手的位置和姿态，也能感知每个手指的运动，要求工具能处理手在一定空间的自由运动，具有更多的自由度去感觉单个手指的运动。通过经验可知，人的手指动作有"弯曲—伸直"、侧向"外展—内收"（五指并拢和分开）和拇指动作"前位—复位"，前位使拇指与手掌相对。

传感手套是为满足上述要求而设计的虚拟现实工具。商业化的产品有数据手套、赛伯手套、能量手套、灵巧手套。它们都用传感器测量全部或部分手指关节的角度。

1. 数据手套

数据手套由很轻的弹性材料莱卡构成，紧贴在手上，采用光纤作为传感器。手指的每个被测的关节上都有一个光纤环，用于测量手指关节的弯曲角度。数据手套的标准配置是每个手指背面只安装两个传感器，以便测量主要关节的弯曲运动。每个手指上装有两个传感器，一个检测手指下部关节，另一个检测手指中间关节。一只数据手套装有 10 个传感器。数据手套还将测量大拇指并拢与张开，以及前位与复位的传感器作为选件。选件体积小、重量轻，方便安装在手套上。

光纤环的一端与一发光二极管相连，作为光源端。另一端与一光敏晶体管相连，检测经光纤环返回的光强度。当纤维伸直时，传输的光线没有衰减，因为圆柱壁的折射率小于中心材料的折射率。当手指关节弯曲时，光纤壁改变其折射率，手指弯曲处的光线漏出，这样就可以根据返回光线的强度间接测出关节的弯曲程度。

光纤传感器的优点是轻便和紧凑，用户戴上手套感到很舒适。为了适应不同用户手的大小，数据手套有三种尺寸：小号、中号和大号。但此手套每戴一次，需要进行手套校准（把原始的传感器读数变成手指关节角的过程）。这是因为用户手的大小不同，戴的习惯不同。

2. 赛伯手套

赛伯手套是一种复杂且昂贵的手套。其原理是把很薄的两片应变电测量片组成传感器，安装在弹性尼龙合成的手套关节处。每个关节的弯曲角通过一对应变片的阻值变化间接测量。当手指运动时，一个应变片处于压力作用下，另一个应变片处于张力作用下。它们的电阻变化通过电桥转变为电压的变化。

手套中电桥与传感器的个数一致，一般情况下，手套中有 16 ~ 22 个传感器（每个手指用 2 ~ 3 个传感器测量弯曲角度，用一个传感器测量外展与内收，用一个传感器测量手腕的偏航和俯仰等），也就是有 16 ~ 22 个电桥。它们产生的不同电压被多路复用、放大，继而通过一个模/数转换器被数字化。传感器的手套数据通过 RS-232 串行线发送给主计算机进行处理。

赛伯手套的传感器分辨率达到 0.5°，并在整个关节运动范围内保持不变。该手套具有去耦传感器，使得两个手套的输出互不干扰。传感器有两种形状：或者是矩形的，用于测量弯曲角度；或者是 U 形的，用于测量外展和内收角。为了具有透气性和方便用户的其他操作，手套的手掌区域和指尖部分不覆盖这种材料，所以手套穿戴舒适自如。除此之外，赛伯手套由于使用了大量的传感器，具有良好的编程支持，并且可以扩展成更复杂的触觉手套，因此目前它已成为高性能手套测量仪器的标准。

3. 能量手套

能量手套为家庭视频游戏而设计，相对于数据手套和赛伯手套等数据手套，它是很便宜的产品。

能量手套的价格是其他数据手套的几十分之一，其原因是手套设计使用了很多廉价的技术。手腕位置的传感器是超声传感器，超声源放在个人计算机监视器上，而超声麦克风放在手腕上。

导电墨水传感器，包括导电墨水在支持基层上的两层导电墨水，墨水在黏合剂中有碳粒子。当支持基层弯曲时，在弯曲的外侧的碳粒子墨水就延伸，造成导电碳粒子之间的距离增加，传感器的电阻值增加。反之，当墨水受压缩时，碳粒子之间的距离减小，传感器的电阻值也减小。阻值数据经过简单的校准就转换成手指关节角数据。

能量手套的缺点是精度低，传感能力有限，但其价格低廉吸引了很多用户，曾在 1989 年大量销售，主要用于基于手套的电子游戏。

4. 灵巧手套

灵巧手套是戴在用户手背上的金属外骨架结构。每个手指安装了 4 个传感器，5 个手指就有 20 个传感器安装在手的每个关节处。每个关节的角度由安装在机械结构关节上的霍尔效应传感器测量。其结构的设计很精巧，受手组织柔软性的影响很小。专门设计的夹紧弹簧和手指支撑保证了在手的全部运动范围内设备的紧密配合。设备是用可调的魔术贴带子安装在用户手上的，附加的支撑和可调的杆使之适应不同用户手的大小。这些复杂的机械设计造成了它的高成本，是至今最昂贵的传感手套。

灵巧手套的优点是高速率、高分辨率和高精确度，常用于精度和速率要求较高的场合。其缺点是价格昂贵。

（三）运动捕捉系统

运动捕捉技术的工作原理是把真实人的动作完全附加到一个三维模型或者角色动画上。所以，运动捕捉技术作为三维动画主流制作手段，在国外已得到业内的认可和应用。通常借助该技术，动画师模拟真实感较强的动画角色，并与实拍中演员的大小比例相匹配，然后借助运动捕捉系统来捕捉表演中演员的每一个细微动作和表情变化，并真实地还原在角色动画上。

运动捕捉系统是一种用于准确测量运动物体在三维空间运动状况的高技术设备。它基于计算机图形学原理，通过排布在空间中的数个视频捕捉设备将带有跟踪设备的运动物体的运动状况以图像的形式记录下来，然后使用计算机对该图像数据进行处理，得到不同时间计量单位上物体的不同点的空间坐标。从技术角度来讲，运动捕捉系统的实质是测量、跟踪、记录物体在三维空间中的运动轨迹。

接收传感器是固定在运动物体特定部位的跟踪装置，它将向系统提供运动物体运动的位置信息，一般会根据捕捉的细致程度确定传感器的数目。处理单元负责处理系统捕捉到的原始信号，计算传感器的运动轨迹，对数据进行修正、处理，并与三维角色模型相结合。处理单元既可以是软件也可以是硬件，借助计算机对数据的运算能力来完成数据的处理，使三维模型真正、自然地运动起来。

信号捕捉设备负责捕捉、识别传感器的信号，并将运动数据从信号捕捉设备快速准确地传送到计算机系统。这种设备会因系统的类型不同而有所区别，对于机械系统来说是一块捕捉电信号的线路板，对于光学系统来说则是高分辨率红外摄像机。

目前，常用的运动捕捉技术从原理上说可分为机械式、声学式、电磁式和光学式。

第五节　虚拟现实的计算设备

虚拟现实的计算设备，也就是专业图形处理计算机，是虚拟现实系统的重要组成部分之一，也是关键部分。它从输入设备中读取数据，访问与任务相关的数据库，执行任务要求的实时计算，从而实时更新虚拟世界的状态，并把结果反馈给输出显示设备。通常称其为"虚拟现实引擎"，也就是各种硬件配置，从单个计算设备到网络互联在一起的能够实时仿真的许多计算设备。

虚拟现实系统的性能优劣很大程度上取决于计算设备的性能，由于虚拟世界本身的复杂性及实时性计算的要求（支持实时绘制场景、三维空间定位、碰撞检测和语音识别等功能），产生虚拟环境所需要的计算量极为巨大，这对计算设备的配置提出了极高的要求，最主要的是要求计算设备必须具备高速的中央处理器和强有力的图形处理能力。因此，根据中央处理器的速度和图形处理能力，虚拟现实的计算设备通常分为高性能个人计算机、高性能图形工作站、高度并行的计算机和分布式网络计算机4大类。

一、高性能个人计算机

由于价格低，目前个人计算机的安装已有上百万台。现有的个人计算机的中央处理器速度和图形加速卡绘制能力能满足虚拟现实仿真中的大多数实时性要求。目前虚拟现实研发中最经济和最基本的硬件配置要求一般是配有图形加速卡的中高档个人计算机平台，能平稳运行目前以三维绘图语言为基础的开放式虚拟仿真系统，以阴极射线管显示器或外接投影仪为主要展示手段，配合虚拟现实立体眼镜或头盔显示器能在阴极射线管显示设备上进行立体显示观察。

在高性能个人计算机系统中，其核心部分是计算机的图形加速卡。为了加快图形处理的速度，系统可配置多个图形加速卡。常见的图形加速卡有蓝宝石 HD5850、华硕 EAH5870、耕昇 GT220 红缨 -1G 版、艾尔莎影雷者 980GTX + 512B3 2DT。

数据总线是图形加速卡与计算机的桥梁，它也会影响到图形加速卡的性能。通常数据总线分为 PCI 和 AGP 两类。PCI 总线是标准的计算机内部总线，它把计算机的插入卡（网络卡、图形加速卡等）连接到采集传输单元。PCI 总线的传输速度限制在 130Mb/s。插入的卡越多，每个卡得到的传输速度越小，图形加速卡与中央处理器只能以较小的带宽通信。AGP 总线是专用总线，它只能连接一个图形加速卡。它的通过量为 530Mb/s，全部用于图形加速卡。它还允许直接把纹理传送到图形加速卡，不必通过系统存储器，将大大提高系统性能。随着技术的发展，近几年，AGP 总线的带宽开始显得有些不足，2004 年推出的总线接口采用的是每次一位的串行传输方式，其最高数据传输速度为 8Gb/s，数据带宽大大增加，解决了显卡与系统数据传输的瓶颈问题。

二、高性能图形工作站

目前，工作站是仅次于个人计算机的用得最多的计算设备。与个人计算机相比，工作站的优点是有更强的计算能力、更大的磁盘空间和更快的通信方式。工作站主要用于通用计算而不是虚拟现实。随着虚拟现实的不断成熟，主要的工作站制造厂家逐渐开始用高端图形加速器来实现现有的模型。太阳计算机系统（中国）有限公司和美国硅图公司采用的一种途径是用虚拟现实工具改进现有的工作站，像基于个人计算机的系统那样。北京迪威视景科技有限公司采用的另一个途径是设计虚拟现实专用的"总承包"系统。这是基于工作站的虚拟现实机器的两种发展途径。

三、高度并行的计算机

虚拟现实的发展对计算机的要求越来越高。当今计算机界的研究重心是并行计算，所以各个工作站厂商都在发展高度并行的虚拟现实机器，以便提高计算能力。

目前高性能并行计算机的体系结构较多，集群就是其中之一。集群是将一组松散集成的计算机软件或硬件连接起来高度紧密地协作完成计算工作。在某种意义上，集群可以被看作一台计算机。集群系统中的单个计算机通常称为节点，一般通过局域网连接，但也有其他的连接方式。一个集群可以由几十个、上百个节点一起工作形成一个单一的集成计算资源。集群通常用来改进单个计算机的计算速度和可靠性。一般情况下，集群计算机比单个计算机，如工作站或超级计算机的性能价格比要高得多。因为在集群中某个节点失效的情况下，其上的任务会自动转移到其他正常的节点上。集群计算机还可以将集群中的某节点进行离线维护，并且不影响整个集群的运行。在集群系统中，每一个节点都有自己的操作系统。集群的发展为工程技术、科学研究等领域的工作提供了平衡、流畅和连续的应用性能。

美国硅图公司推出的 Altix 3000 系列集群系统，配备英特尔奔腾处理器，该集群系统还使用业界标准的 64 位 Linux 操作系统，为大规模数据处理、系统管理、资源管理做了全面优化。

曙光信息产业股份有限公司推出的基于 IA 架构服务器节点的集群系统曙光 TC1700，利用简单直观的管理工具来管理整个集群，将系统管理员从多台服务器重复、单调的管理工作中解放出来，提高了工作效率。对用户应用实现了"单一 IP、负载平衡、失效转移"工作模式，如单一系统映像技术、负载平衡技术等。简单地说，单一系统映像技术即系统中所有分布的资源被组织成一个整体，用户可以不去关心单个节点机的存在。从用户的角度看，一个聚集系统就如同一个具有巨大配置的单一计算机系统。TC1700 是曙光信息产业股份有限公司机架式服务器集群的经典之作，具有可自由伸缩、高性能价格比等诸多优点。

巨型机主机也是高性能并行计算机的一种，由高速运算部件和大容量快速主存储器构成。由于巨型机加工数据的吞吐量很大，只有主存是不够的，一般有半导体快速扩充存储器和海量（磁盘）存储子系统的支持。对于使用大规模数据处理系统的用户，常需大型联机磁带子系统或光盘子系统作为大量信息数据进 / 出的媒介。巨型机主机一般不直接管理慢速的输入输出设备，而是通过输入输出接口通道联结前端机，由前端机做输入输出的工作，包括用户程序和数据的准备、运算结果的打印与绘图输出等。前端机一般为小型机。输入输出的另一种途径是通过网络，网上的用户借助前端机（微型机、工作站、小型大型机）通过网络来使用巨型机，输入输出均由用户端机来实现。网络方式可大大提高巨型机的利用率。

四、分布式网络计算机

前面介绍的体系结构是把负载分布到单机的多个图形加速卡上进行处理，或者对任务进行划分，然后分配到通过局域网通信的多台个人计算机服务器上。而分布式结构是把任务分布到局域网或互联网连接的多个工作站上，用户可以利用现有的计算机远程访问，多个用户可同时参与工作。

分布式虚拟环境是指它驻留在两台或两台以上的网络计算机上，这些计算机共享整个仿真的计算负载。在分布式虚拟环境中，用户合作是指他们依次执行给定的仿真任务，在某一时刻只有一个用户与给定的虚拟对象交互。反之，用户协作指的是他们同时与给定的虚拟对象交互。

两个用户共享虚拟环境是最简单的共享环境，每个用户都有一台带有图形加速卡的个人计算机，可能还连有其他一些接口。用户之间通过局域网通信，使用 TCP/IP 协议发送简单的单播数据包。多用户共享的虚拟环境允许三个或更多的参与者在给定的虚拟世界中交互。网络结构必须能够处理各种远程计算机上具有不同处理能力和不同类型的接口。它们的逻辑连接可以是单中心服务器、多服务器环型网、点到点局域网等。

单中心服务器，即把个人计算机客户端都连接到中心服务器上，服务器主要协调大部分仿真活动，负责维护仿真中所有虚拟对象的状态。当用户在共享虚拟环境中做出一个动作后，其动作以单播包的形式发给服务器，服务器对其进行压缩并发送给其他用户。多个互联服务器代替中心服务器，形成环型网。每个服务器都维护着虚拟世界的相同副本，并负责它的客户端所需要的通信。网络虚拟环境的功能分布在多个客户端端点上，不受服务区的限制，任何一个客户端都可以去其他客户端进行信息交流。使用代理服务器的网络路由器把多播信息打包成单播包，再发送给其他路由器，本地的代理服务器负责解包后，再以多播形式发送给本地客户。

第三章　虚拟现实系统的建模技术

第一节　对象虚拟

对象虚拟是虚拟现实研究的重点，是使用户沉浸的首要条件。通常，对象虚拟主要研究对象的形状和外观的仿真。其过程主要包括建模和视觉外观的设计。

建模，指用一定的方式对对象进行直接的描述。描述直接影响图形的复杂性和图形绘制的计算消耗。建模方法一般包括几何建模、图像建模、图像与几何相结合的建模三种方法。

视觉外观的设计，指为场景添加光照和纹理映射。即基于光照模型和纹理映射，计算物体可见面投影到观察者眼中的光亮度大小和颜色分量，并将它转换为适合图形设备的颜色值，从而确定投影面上每一像素的颜色，最终生成具有真实感的图形。

一、几何建模

虚拟对象基本上都是由几何图形构成的。几何建模主要处理具有几何网络特性的几何模型的拓扑信息和几何信息。拓扑信息是指物体各分量的数目及其相互间的关系，包括点、线、面之间的连接关系、邻近关系和边界关系。几何信息一般是指物体在欧式空间中的形状（包括点、线、面等）。几何长方体的实体模型不仅记录了全部几何信息，还记录了全部点、线、面、体的拓扑信息。它描述的物体对象是实心的，内部在表面的哪一侧是确定的，由表面围成的区域内部为物体的空间区域。

采用几何建模方法对物体对象虚拟主要是对物体几何信息进行表示和处理，描述虚拟对象的几何模型，如多边形、三角形、顶点和样条等。即用一定的数学方法对三维对象的几何模型进行描述。

目前，几何建模软件越来越多，建模方法也越来越多。但总体而言，可归纳为三大类：多边形、非均匀有理 B 样条和构造立体几何。但无论采用何种建模软件，同类的建模方法其数学原理大致相同。

（一）多边形

多边形建模是在三维制作软件中最先发展的建模方式。多边形建模是将点、边、面组成一系列线段和平面，通过把线段和平面嵌入到物体中来生成一个多边形网格，然后利用网格逼近生成模型。对模型的修改是通过对点、边、面三个元素的修改来完成的。任何形状的物体都可以用足够多的多边形勾画出来。不过，随着多边形数目的增加，系统的性能会下降。

用于勾画物体的多边形，通常采用三边形或四边形这两种形状表示。它们在实体模型应用中被普遍采用。在多边形网格建模时，物体的几何数据存储通常采用几何表方式，几何表包括了顶点坐标和用来识别多边形表面空间方向的参数。

三维物体对象的显示处理过程包括各种坐标系的变换、可见面识别与显示方式等。这些处理需要有关物体单个表面部分的空间方向信息。这一信息源于顶点坐标值和多边形所在的平面方程。

多边形建模方法比较容易理解，较容易学，并且在建模的过程中，使用者可以根据自己的想象对模型进行修改。目前，多边形建模在许多三维软件中应用广泛。如在 3ds max 中，用户可利用多边形构造简单的模型，然后通过增减点、面数或调整点、面的位置来生成所需要的模型。选择不同的命令，实现对多边形不同的操作效果。例如，"挤出"命令可以使多边形拉伸和挤入。"轮廓"命令可以使拉出面缩放。

（二）非均匀有理 B 样条

非均匀有理 B 样条是一种非常优秀的建模方式，许多高级三维软件都支持这种建模方式。"非均匀"指一个控制顶点的范围能够改变，可用来创建不规则的曲面。"有理"指每个模型都可以用数学表达式来定义，也就意味着用于表示曲线或曲面的有理方程式给一些重要的曲线和曲面提供了更好的模型，特别是圆锥截面、球体等。"B 样条"指一种在三个或者更多点之间进行插补的构建曲线的方法。

简单地说，非均匀有理 B 样条是指在 3D 建模的内部空间用曲线和曲面来表现物体的轮廓和外形，即用曲线和曲面来构造曲面物体。

度数是非均匀有理 B 样条的一个重要参数，用于表现所使用的方程式中的最高指数。一个直线的度数是 1，一个二次等式的度数为 2，非均匀有理 B 样条曲线通常由立方体方程式表示，其度数为 3。度数设置得越高，曲线越圆滑，但计算时间也越长。

连续性是非均匀有理 B 样条的另一个重要参数。连续的曲线是未断裂的，有不同级别的连续性。

非均匀有理 B 样条与传统的网格建模方式相比，能更好地控制物体表面的曲线度，从而能够创建出更逼真、生动的造型。通常用于描述汽车、人的皮肤和面貌等复杂的曲面对象。

（三）构造立体几何

构造立体几何，又被称为布尔模型，它是一种通过布尔运算（并、交、差）将一些简单的三维基本体素（如球体、圆柱体和立方体等）拼合成复杂的三维模型实体的描述方法，就像搭建积木一样。如一张桌子可以由 5 个六面体组成，其中 4 个用作桌腿，1 个用作桌面。

构造立体几何对物体模型的描述与该物体的生成顺序密切相关，即存储的主要是物体的生成过程。其数据结构为树状结构。树叶为基本体素或变换矩阵，结点为运算，最上面的结点是被建模的物体。

构造立体几何的优点是简洁，生成速度快，处理方便，易于控制存储的信息量，无冗余信息，而且能够详细地记录构成实体的原始特征参数，甚至在必要时可修改体素参数或附加体素对模型进行局部修改。缺点是由于信息简单，可用于产生和修改实体的算法有限，并且数据结构无法存储物体最终的详细信息，如边界、顶点的信息等。

二、图像建模

由于利用几何建模呈现具有真实感的图像非常复杂，具有建模开销大、实时绘制慢，容易造成大量的人力、物力浪费等缺点，用图片代替传统的通过几何输入进行建模和图像合成被大家所喜爱，即图像建模。顾名思义，它是指用预先获取的一系列图像（合成的或真实的）来表示场景的形状和外观，新图像的合成通过适当地组合和处理原有的一系列图像来实现。与几何建模相比，它有以下突出的优点。

建模容易。拍照容易，照片细节精细，不仅能直接体现真实景物的外观和细节，还能从照片中抽取出对象的几何特征、运动特征等。图像建模是把不同视线方向、不同位置的照片组织起来表示场景，如全景图像和光场。

真实感强。图像既可以是计算机合成的，又可以是由实际拍摄的画面缝合而成的，两者可以混合使用，能较真实地表现景物的形状和丰富的明暗、材料及纹理细节，可获得较强的真实感。

绘制速度快。图像建模只需要对离散的图片进行采样，绘制时只对当前视点相邻的图像进行处理，其绘制的计算量不取决于场景的复杂性，而仅仅与生成画面所需要的图像分辨率相关。所以，绘制图形对计算资源的要求不高，仅仅需要较小的计算开销，有助于提高系统的运行效率。

交互性好。由于有绘制速度和真实感的保证，再加之具有先进的交互设备和反馈技术，基于图像的虚拟现实有更好的交互性。

基于图像的绘制技术指基于一些预先生成的场景画面，对接近于视点或视线方向的画面进行交换、插值与变形，从而快速得到当前视点处的场景画面。与图像建模相关的技术主要有两种：全景图建模技术和图像插值及视图变换技术。

（一）全景图建模技术

全景图建模技术是指在一个场景中选择一个观察点，固定广角照相机或摄像头，然后在水平方向每旋转一个固定大小的角度（满足相邻照片的重叠部分达到20%以上）拍摄一组照片（通常12张以上），再采用特殊拼图工具软件拼接成一个全景图像。

全景图所形成的数据较小，对计算机要求低，适用于桌面型虚拟现实系统，建模速度快。但照相机的位置被固定在一个很小的范围内，所以观察的视点固定不动，视线做上下、左右及前后任意转动，交互性较差。

（二）图像插值及视图变换技术

图像插值及视图变换技术是根据在不同观察点所拍摄的图像，以相邻的两个参考图像所决定的直线为基准，交互地给出或自动得到相邻两个图像之间的对应点，采用插值和视图变换的方法求出对应于其他点的图像，生成新的视图。

图像插值及视图变化技术包括两个关键问题。一个是图像变换，即从已知图像的对应特征（点或线）推演出一组相应的变换函数，也称为传递函数。在图像变形过程中，一组传递函数使源图像沿着目标图像的方向扭曲，同时另一组传递函数又使目标图像沿相反方向扭曲变形。色彩变换是另一个关键问题，与图像变换相反，它只改变像素的色彩，而不改变其坐标。色彩变换将两个图像序列中位于同一时刻的两幅变形中间图像融合成该时刻的一个中间图像。

图像变换方法的算法有很多，最流行的有基于网格的图像变换算法、基于变换域的图像变换算法和小波变换算法。基于网格的图像变换算法是首先在源图像和目标图像中指定一组对应网格点，并利用网格点拟合样条形成一对可视的样条网格。把网格看作坐标系统，则图像的变换就可以看作一组网格内一个坐标系向另一个坐标系的变换。基于变换域的图像变换算法是首先利用源图像和目标图像中对应的位置求得几何特征线段集，然后通过加权平均每个特征线段对该点位置的改变来计算每个点在变换时的位置。基于网格和基于变换域的图像变换算法有一个共同的特点是非常耗时，计算时间取决于图像分辨率和特征线段数目。由此，提出了小波变换算法。关于小波变换算法可以查看相关的图形学书籍。

采用图像插值与视图变换技术进行对象建模，可分为以下几步。

①采样。使用照相机或者摄像头等光捕捉设备，从不同的角度对物体进行拍摄，获得所需要的照片样本。

②立体匹配。即获取两幅图像之间的变换函数，这是几个步骤中最困难的一个。由对应特征点或线构造从第一幅图像到第二幅图像之间的映射函数。再根据变换函数在第二幅图像中找到第一幅图像的其余的特征点或线。

③插值与视图变换。利用插值与视图变换算法生成中间图像，这些中间图像感觉像是虚拟照相机拍摄的。

④优化处理。它的目的是使图像边缘的表现更完美。

三、图像与几何相结合的建模

几何建模的优点是交互性好，用户可以随意更改虚拟环境的观察点和观察方向，实现实时交互，如移动或旋转虚拟物体等。缺点是所建构的对象模型都由多边形组成，数据量较大，难以达到较强的真实感，并且建模过程也较复杂等。图像建模的优点是虚拟环境渲染质量高，质感好，且绘制速度快。缺点是交互能力有限，只能虚拟浏览，用户不是参与者，更像一个旁观者。为了合理地利用两者的所长，发挥两者的优势，提出了图像与几何相结合的建模技术。基于图像与几何相结合的建模技术有两种形式：一种是模型加贴图形式；另一种是背景加模型形式。

（一）模型加贴图

模型加贴图形式的原理是根据不同视角的被建模物体的照片，通过建模软件对多视图的点、线位置采样，然后分区块构建模型。这种建模方式可以最大限度地挖掘建模技术的潜力。把高仿真度的图像映射于简单的对象模型，可以在几乎不牺牲三维模型真实度的情况下，极大地减少模型的网格数量。该形式可分为以下 4 步。

1.准备工作

基于图像与几何相结合的建模是利用照相机从不同的角度对建筑物进行拍照，通常为前、后、左、右、顶方向，然后使用建筑照片重新进行空间位置和形状还原，形成三维的建筑物模型。因此，建筑物各视图图片的采集或拍摄非常关键。当然，如果没有合适的图片，可以利用高精度的建筑物实物模型导入三维建模软件进行各视图的采集。

2.利用三维空间信息创建建筑物外形

建筑物的外轮廓线的创建是建模的关键步骤。轮廓线必须与建筑物的结构有关，通常为每个相邻面之间的分界线。

3.构造三维模型

运用 3ds max 软件边界线造型命令，根据所画的轮廓线依次创建三维曲面，在保证建筑物外形的情况下，做最大限度的优化，利用立体视觉算法精化模型，使所有建筑物面浑然一体，以便于图像的拟合。

4.贴图

模型表面的纹理和质地是靠贴图来实现的，即由图像代替了几何建模，较真实地再现了物体的细节，并减少了系统的运行时间。当然，在贴图时必须采用相应的方法产生逼真的效果。如采用遮罩通道，让需要镂空或透明的地方产生类似效果。

该方法简单快捷，仅仅通过拍摄几张照片来合成逼真的新视图。但是该方法较适用于普通建筑物等外形较规整的实物。

（二）背景加模型

在虚拟环境中，并非所有的虚拟对象都被用户操作。如在虚拟实验室中，用户主要的操作对象是虚拟仪器（实验设备），而环境背景，如墙壁和窗户，仅仅是为再现真实环境，使人有身临其境的感觉而设计的。如果虚拟仪器和背景采用几何建模，交互性能好，可以实现实时交互，但会生成大量的多边形，绘制的速度慢，会影响整个系统的运行。如果采用图像建模，虚拟环境渲染质量高，实时渲染效果好，但交互能力有限。由此，鉴于几何建模和图像建模的优缺点，提出采用基于图像和几何混合建模的方法：背景加模型方式。如虚拟仪器应结构清晰并能实时动态交互和显示，宜采用几何建模。被称为虚拟背景的墙壁和窗户等结构较复杂，仅用于浏览观看，宜采用图像建模。两种方法融合而成的虚拟环境，不仅解决了运行速度的问题，还使环境具有照片质量的真实感。

背景加模型方式构建的虚拟环境存在着视觉一致性的问题。即如何将几何建模构建的虚拟对象与图像建模构建的背景完全融合，满足用户的视觉一致性。

四、三维对象的视觉外观

要达到生动逼真的虚拟场景，对虚拟对象的视觉外观的修饰是必不可少的。场景光照和纹理映射可以实现场景的复杂度和真实感。

（一）场景光照

场景光照决定了对象表面的光强度，可分为局部光照和整体光照两类。

1.局部光照

在局部光照模型中，计算光照对象某一点的亮度时，仅考虑虚拟场景中的所有预定义的光源对象，并孤立地处理对象和光源之间的交互，忽略对象之间的相互依赖关系。常见的算法为光强度插值明暗算法和法线矢量明暗算法。

（1）光强度插值明暗算法

光强度插值明暗算法是一种常用的局部光照算法，它基于光照的插值来计算对象的明暗色调。这种明暗模型要求知道构成虚拟对象表面的多边形网格每个顶点的法向量。顶点法向量可以通过分析法或计算相邻多边形法向量的平均值得到。使用顶点法向量计算出顶点光强，根据顶点光强计算出边的光强。最后，根据任意两边光强的插值计算出多边形内每条扫描线上任意一点的光强。这样得到的对象表面光滑度较高。但是，由于光强度的数目逐渐增多，帧刷新率会越来越低。

（2）法线矢量明暗算法

法线矢量明暗算法是一种比较复杂的局部光照算法。首先根据顶点法向量确定边的法向量，然后根据扫描线上边界法向量的插值获取多边形内部任意一点的法向量，最后对得到的表面法向量进行归一化处理，代入光照模型，计算相应的光照。法线矢量明暗算法的缺点是计算量较大，对多边形中的每个像素都要进行三次加法、一次除法和一次平方根运算。尽管此算法为单个对象提供了较强的真实感，但无法处理对象之间的相互依赖关系，因此无法提供足够的场景细节。

2.整体光照

整体光照模型将整个环境作为光源，不仅考虑场景中的光源对被绘制对象的直接影响，还考虑光线经反射、折射或散射后对对象产生的间接影响。它可使绘制结果的真实感大大增强。因此，全局光照是目前光照计算研究的重点。经典的全局光照现象包括颜色渗透、阴影/柔和阴影、焦散/光谱焦散、次表面散射等，对于其中任何一种现象的模拟再现都可以显著提高绘制效果。

（1）光线跟踪算法

光线跟踪算法是最早出现的全局光照算法。该算法认为光沿直线传播，模拟照相机底片捕捉光线的方法，从焦点开始，向每一个像素的方向投射光线，由与此光线相交的场景对象的位置决定光线强度。镜面反射和透明物体折射效果是早期光线跟踪算法的最典型应用。漫反射是获取整体光照最关键、最难实现的效果。光线跟踪方法每次仅射出一条光线，并且在光线发生反射或折射之后，仍然仅选择某一方向继续进行光线跟踪。选择新的方向时，以物体表面的双向反射分布函数作为概率函数，随机进行。通过从每个像素上射出大量光线（通常要几千或几万条）完成每个表面入射光辐射度的完全采样，从而产生高质量的绘制结果。逆向光线跟踪是跟踪从光源发出的光线，与光线跟踪的计算方向相反，两者结合可以弥补光线跟踪处理漫反射方面的缺陷，实现较完美的漫反射效果。

光线跟踪算法能够取得较高的绘制质量，但计算量较大，即使使用各种优化手段尽量减少不必要的计算，并使用最新的图形硬件设备，仍然需要较长时间才能完成一个场景的计算工作，很难在实时环境中应用。

（2）辐射度算法

辐射度算法的思想来源于热传导理论，主要从光的能量传递角度进行处理。首先需要确定整个场景的能量分布，然后再将其绘制为一个或几个不同的视图。在辐射度算法的求解中，形状因子的计算和能量平衡方程组的迭代求解都具有相当大的计算量，因此很多工作致力于对其进行优化。其中，比较重要的工作包括半立方体方法、逐步求精技术和层次结构辐射度方法。这些方法的引入使得辐射度算法成为实用的绘制技术。由于光线跟踪算法适于求解可能产生镜面反射、折射等效果的光滑表面，而辐射度算法更适用于求解不光滑的漫反射表面，因此出现了一种结合这两种方法的多轮计算策略。

辐射度算法的计算量较大，基本上不能实时应用。一种可行的实时计算方法是预先将光能分布计算出来，静态或动态地附着在实时绘制的场景中。较早提出的静态附着方法在雷神之锤3中已得到了很好的应用。而典型的动态附着方法是通过保存关键角度，动态计算出太阳光直接照射到地形中每个顶点上的光照情况。

（3）光子映射算法

光子映射算法首先由光源射出"光子"并跟踪记录下光子在场景中的几次反射（也可能是折射等）情况。此方法比较容易表现次表面散射、焦散等绘制效果，在绘制复杂材质的对象时有一定优势。

（4）预计算辐射度传递算法

预计算辐射度传递是在2002年提出的一种光照技术。该方法将全局光照分为光照计算和实时绘制两部分。光照计算部分由预计算程序预先完成，并将计算结果压缩存储；实时绘制部分使用已经计算完成的数据，与实时环境的光照相结合，得到最终的绘制结果。

预计算辐射度传递算法缓解了全局光照模型绘制质量和绘制速度之间的矛盾，为实时绘制照片级真实感图形提供了新的方法。目前，预计算辐射度算法在一定限制条件下已经可以对动态场景进行实时全局光照绘制了。然而，该算法由于需要预计算，且预计算时间会随场景规模呈线性增长，以及预计算数据对内存和显存的消耗较大，目前尚难适用于大规模场景。在三维建模集成开发平台中几乎都集成了多种光照算法，都可以进行光照效果的设计。

（二）纹理映射

纹理映射是在不增加表面多边形数目的情况下提高图像真实感的一种有效方法。它是一种为了显示表面几何无法表示的细节特征，而逐渐改变表面属性的方法。其目的是更改对象模型的表面属性，如颜色、漫反射和像素法向量等。

纹理可通过多种方法创建，如可以用画图程序交互创建和保存纹理位图，可以通过电子扫描包含所需纹理图案的照片得到纹理图像。利用解析函数也可以实时创建纹理并减少存储器空间，但会加大总线的通信量。另外，还可以从一些在线商家纹理数据库中得到纹理。

纹理映射的原理是使用一个对应函数把对象（屏幕像素）的参数坐标映射成纹理空间中的坐标，纹理坐标是坐标数组的索引。纹理数组的大小取决于操作系统的要求，通常是一个平方数。当光栅化程序检索到对应的纹理像素的颜色后，用它来改变明暗模型中的像素颜色，这个过程称为调制，用纹理颜色乘以几何处理引擎输出的表面颜色。目前，在三维建模软件中存在多种纹理映射。将具有颜色信息的图像附着在几何对象的表面，在不增加对象几何细节的情况下，提高绘制效果的真实感的纹理映射称为传统的纹理映射。随着绘制技术的不断发展，如下复杂的纹理映射应运而生。

1. 凹凸映射

凹凸映射利用一个扰动函数扰动物体的表面法向量来模拟物体表面的法向量变化，从而影响其反射光亮度分布的改变，产生更真实、更富有细节的表面。凹凸纹理映射与传统纹理映射的不同之处在于传统纹理映射是把颜色加到多边形上，而凹凸映射是把粗糙信息加到多边形上，这在多边形的视觉上会产生很吸引人的效果。

2. 法向映射

法向映射是凹凸映射的衍生，将对象表面的法向量预先计算并存储在法线图中，在绘制对象表面时，直接使用法线图中的向量作为表面法向量。

3. 位移映射

位移映射是使用高度图将经过纹理化的表面上实际几何点位置沿着表面法线根据保存在纹理中的数值进行移位的技术。凹凸纹理只对法线进行了扰动，未改变模型的实际形状，这样就不能对物体的轮廓线造成影响，也不能产生遮挡和自阴影效果。位移映射的提出，从实质上改变了物体表面的几何属性，它根据高度图顶点的位置移动，移动的方向是法线方向，移动的大小由高度图确定。由此，它所表现的物体表面的粗糙感较强，但由于计算量大，难以用于实时绘制。

4.视差映射

视差映射是对位移映射技术的改进。视差映射的输入需要一幅高度图和一幅法线图，高度图用来沿着视线方向偏移纹理坐标，从而实现比凹凸映射技术更加逼真的效果，同时所需要的计算量也不算大。它可以在不使用大量多边形，计算量较小的前提下让材质具有深度感。

视差映射可以在纹理映射过程中与凹凸映射一同使用，产生自遮挡效果，但不能产生自阴影效果。

5.浮雕映射

浮雕映射与视差映射的原理相似，都是通过图像的前向映射来模拟物体的三维视差效果，但它比视差映射更准确，而且支持自阴影效果和法线贴图。该方法使用图像变形和材质逐像素深度加强技术在平坦的多边形上表现复杂的几何细节。深度信息是通过参考表面和采样表面之间的距离计算出来的。浮雕映射技术仅使用法线贴图就可以在一个平面上生成凹凸的立体效果，常用于绘制物体表面，但计算量较大。

随着绘制技术的发展，纹理映射方法越来越多，给虚拟现实仿真带来了许多好处。首先，增强了场景的细节等级和真实度。其次，基于透视变换提供了较好的三维空间线索。最后，纹理的使用极大地减少了场景中多边形的数量，可以提高帧刷新率。

第二节　物理建模

物理建模综合体现对象的物理特性，包括重量、惯性、表面硬度、柔软度和变形模式（弹性的还是塑性的）等。这些特征与对象的行为一起给虚拟世界的模型带来更大的真实感。

物理建模应用范围非常广泛，根据其应用对象的不同，大致可分为两类：一类用于表现人和动物，如人的行走、面部表情，游鱼、飞鸟、昆虫等的运动；另一类则用于表现自然场景，如烟雾、火焰、织物和植物等。物理建模是基于物理方法的建模，往往采用微分方程来描述，使它构成动力学系统。典型的建模方法包括分形技术、粒子系统、碰撞—响应建模。

一、分形技术

客观自然界中的许多事物具有自相似的"层次"结构，局部与整体在形态、功能、信息、时间和空间等方面具有统计意义上的相似性，被称为自相似性。在理想情况下，这种层次是无穷的。适当地放大或缩小几何尺寸，整个结构并不改变。不少复杂的物理现象反映这类层次结构的分形。如树木，若不考虑树叶的区别，树的树梢看起来像一棵大树。由相关的一组树梢构成的一根树枝，从一定距离观察时也像一棵大树。由树枝构成的树从适当的距离看时自然也是一棵树。

分形技术可用于对复杂的不规则外形物体的建模。如弯弯曲曲的海岸线、起伏不平的山脉、粗糙不堪的断面、变幻无常的浮云、九曲回肠的河流、纵横交错的血管、令人眼花缭乱的满天繁星以及树冠和花朵等。

维数作为分形的定量表征和基本参数，是分形理论的一个重要原则。维数通常用分数或带小数点的数表示。在欧式空间中，习惯于把空间看成三维的，把平面或球面看成二维的，而把直线或曲线看成一维的。稍加推广，点是零维的。对于更抽象或更复杂的对象，只要每个局部可以和欧式空间对应，就很容易确定维数。但是所有的维数通常用整数表示。分形技术定义的维数是分数。数学家曼德布罗特曾描述过一个球的维数，从很远的距离观察这个球，可看作一点（零维）；从较近的距离观察，它有一个球形空间（三维）；再近一些，就看到了绳子（一维）；再向微观深入，绳子又变成了三维的柱，三维的柱又可分解成一维的纤维。

分形技术通常用于对复杂的不规则外形物体的建模，建模过程如下：

①H分形。简单二叉树的推广，对物体进行分形，寻找树的树梢。

②迭代函数系统。它是分形绘制的一种重要方法，基本思想是选定若干仿射变换，将整体形态变换到局部，这一过程可一直持续下去，直到得到满意的结果。也就是说，对第一步得到的树梢，选用迭代算法绘制完整的一棵树。

分形技术采用简单的迭代算法就可以完成复杂的不规则物体的建模。但迭代运算量太大，不利于实时显示。

分形技术使用数学原理实现艺术创造，使人们感受到科学与艺术的融合、数学与艺术在审美上的统一，搭起了科学与艺术的桥梁。它的出现，不仅影响了数学、物理、化学、生物以至社会等学科，还对音乐、美术产生了巨大的影响。目前，分形技术在各个行业都有所使用，如印染业、纺织业等。

二、粒子系统

粒子系统是一种典型的物理建模系统，主要用来解决由大量按一定规则运动（变化）的微小物质（粒子）组成的大物质在计算机上的生成与显示的问题。它用来模拟一些特定的模糊现象，如火、爆炸、烟、水流、火花、落叶、云、雾、雪、灰尘、流星尾迹或者像发光轨迹这样的抽象视觉效果等。这些现象用其他传统的渲染技术难以实现其真实感。

粒子系统是一个动态系统，可以生长和消亡。也就是说，每个粒子除了具有位置、速度、颜色和加速度等属性外，还有生命周期属性，即每个粒子都有着自己的生命值，随着时间的推移，粒子的生命值不断减小，直到粒子死亡（生命值为0）。一个生命周期结束时，另一个生命周期随即开始。除此之外，为了增加物理现象的真实性，粒子系统通过空间扭曲控制粒子的行为，对粒子流造成引力、阻挡和风力等影响。

典型的粒子系统循环更新的基本步骤包括如下4步。

①添加新的粒子到系统中，并赋予每一个新粒子一定的属性。

②删除那些超过其生命周期的粒子。

③根据粒子的动态属性对粒子添加外力作用，如重力、风力等空间扭曲，实现对粒子的随机移动和变换。

④绘制并显示所有生命周期内的粒子组成的图形。

通常粒子系统在三维空间中的位置与运动是由发射器控制的。发射器主要由一组粒子行为参数及其在三维空间中的位置表示。粒子行为参数可以包括粒子生成速度（即单位时间粒子生成的数目）、粒子初始速度向量（什么时候向什么方向运动）、粒子寿命（经过多长时间粒子湮灭）、粒子颜色等。其参数的确定应首先规定其变化范围，然后在该范围内随机地确定它的值，而其变化范围则由给定的平均期望值和最大方差来确定。

粒子的生成速度在很大程度上会影响模糊物体的密度及其绘制色彩。根据给定的粒子平均数和方差，可计算每一时刻进入系统的粒子数。为了有效地控制粒子的层次细节及绘制效率，也可根据屏幕单位面积上所具有的平均粒子数和方差来确定进入系统的粒子数。这样可有效地避免用大量粒子来模拟在屏幕上投影面积很小的景物的情况，大大地提高了算法的绘制效率。

为了进一步使得粒子系统在光强上有所变化，可以将进入系统的平均粒子数看作时间的函数。

像雨、雪这样的粒子除了会自由落体外，还受到气流等因素的影响，准确描述其运动方程相当困难。所以，这类粒子的随机移动和变换一般采用相对简单的方程来描述。除此之外，为了实现雨、雪强度的仿真，需要通过控制粒子数量来实现。

当粒子被加入系统后，其运动通过受控的随机过程来模拟实现。为了简化计算，一般情况下不考虑粒子间的相互作用对粒子属性的影响，即假设粒子在其生命周期中不会与其他粒子发生碰撞、融合。同时假设粒子一旦生成，也不会发生变形，其尺寸、颜色、纹理都保持不变。

在绘制与显示粒子图形时，为了得到较为逼真的景象，有时需要对粒子进行纹理贴图。如雪的基本形状都是六角形，但由于表面曲率不等（有凹面、平面、凸面），各面上的饱和水汽压力也不同，因此产生了千变万化的六角形。所以在制作时，雪粒子应采用圆形粒子，然后进行纹理贴图，进而制作出不同形状的多种雪花图样。

目前，粒子系统在许多三维建模软件及渲染包中都可以直接创建，一些编辑程序能够立即显示特定的特性或者规则的粒子系统。

三、碰撞—响应建模

真实世界中的物体在运动过程中很有可能与周围环境发生碰撞、接触及其他形式的相互作用。虚拟世界中，虚拟物体之间必须能够实时地、无缝地、可靠地检测相互碰撞并做出恰当的响应，否则就会出现物体之间相互穿透和彼此重叠等不符合客观事实的现象。对物体建立碰撞—响应模型可以实现这一功能。碰撞—响应模型包括两部分内容，即碰撞检测与碰撞响应。碰撞检测研究物体能否发生碰撞，以及发生碰撞的时间与位置。碰撞响应研究物体之间发生碰撞后，物体发生的形变或运动变化，以及如何将符合真实世界中的物体动态变化的效果进行实时显示。

（一）碰撞检测

碰撞检测是检测两个（或多个）物体是否互相接触。为了保证虚拟世界的真实性，碰撞检测需要具有较高的实时性和精确性。

实时性要求碰撞检测的速度一般至少达到24Hz，这样才能够实现画面的平滑过渡。对于简单的虚拟环境，实时碰撞检测一般可以实现；而对于比较复杂的虚拟环境，实时碰撞检测则常常难以实现。有效和合理地降低碰撞检测的时间复杂性，提高碰撞检测的速度是目前虚拟环境中碰撞检测的一个重要研究目标。

精确性包含两个方面：一是检测出虚拟环境中的所有碰撞，不遗漏任何碰撞；二是检测出某一时刻虚拟环境中需要处理的所有碰撞。而在实际应用中，不同的领域对精确性的要求是不同的，如虚拟仪器装配需要精确地检测出碰撞发生与否；校园漫游物体的碰撞只需粗略计算出碰撞发生的位置和时间即可。所以，通常人们根据精确性对检测方法进行分类，并选择适用于不同环境要求的碰撞检测方法。不过，追求碰撞检测方法的高精确性、减少碰撞遗漏是碰撞检测研究的另一个重要研究目标。

1.直接检测法

最简单、最直接的碰撞检测方法就是直接检测法。它通过计算周围环境中所有物体在下一时间点上的位置、方向等运动状态，检测是否有物体在新状态下与其他物体空间重叠，从而判断是否发生了碰撞。为确定一段时间内是否发生碰撞，首先将这段时间等步长均匀离散分为多个系列时间点，继而检测离散时间点是否发生碰撞。例如，检测某时间段内是否发生碰撞，可以把该时间段离散为多个时间段，然后再检测每个时间点是否发生碰撞。

该方法的缺点是若物体运动速度相当快或时间点间隔太长时，一个物体有可能完全穿越另一个物体，算法将无法检测到这类碰撞。解决的措施是限制物体运动速度或缩短计算物体运动的时间步长；或者考虑构造动态四维空间模型（包括时间轴），检查物体滑过的四维空间是否与其他物体的四维空间发生重叠。

2.包围盒检测法

包围盒检测法是使用比被检测物体体积略大、几何特性简单、包围被检测三维物体的三维包围盒来进行检测的。通过对包围盒的检测来粗略确定是否发生碰撞，当两个物体的包围盒相交时其才有可能相交；若包围盒不相交，其一定不相交。利用包围盒法可以排除大量不可能相交的物体和物体的局部，从而快速找到相交的部位。根据形状的不同，包围盒分为沿坐标轴的包围盒、球形包围盒、任意方向的包围盒、离散方向多面体。

（1）沿坐标轴的包围盒

沿坐标轴的包围盒是沿着世界坐标轴方向的棱柱，是包含几何对象且各边平行于坐标轴的最小六面体。构造时根据物体的形状和状态取得坐标 x、y、z 方向上的最大最小值就能确定包围盒最高和最低的边界点。

沿坐标轴的包围盒的边界总是与坐标轴平行，它的平面与其相应的坐标平面平行。一个沿坐标轴的包围盒通常可以用其向三个坐标轴的投影的最大最小值来表示，还可以用物体中心点和三个方向的跨度来表示。但是前一种表示方法在两个包围盒进行相交测试时比第二种的运算量要少一些。检测两个沿坐标轴的包围盒是否相交最简单的方法就是利用投影的方法。两个沿坐标轴的包围盒相交的条件是当且仅当它们的三个坐标轴上的投影均重叠，只要存在一个方向上的投影不重叠，那么它们就不相交。所以检测两个沿坐标轴的包围盒是否相交最多只需要 6 次比较运算。沿坐标轴的包围盒具有建构简单快速、相交测试简单、内存开销少的特点，能较好地适应可变形物体实时更新层次树的需要，可用于可变形物体之间的相交检测。沿坐标轴的包围盒的缺点是包围物体不够紧密，在一些情况下将出现较大的空隙。

（2）球形包围盒

球形包围盒是以检测物体的中心为球心，以物体边界点到中心最大的距离为半径所组成的球体。构造时仅需两个标量，即球心和半径。

使用球形包围盒进行相交检测相对比较简单。对于两个包围球，如果球心距离小于半径之和，则两包围球相交。包围球间的相交测试需要 4 次加减运算、4 次乘法运算和 1 次比较运算。当对象发生旋转运动时，包围球不需要做任何更新，这是包围球比较良好的一个特性。当几何对象进行频繁的旋转运动时，采用包围球可取得较好的效果。此方法非常适用于需要快速检测、不需要精确碰撞检测的应用。执行速度相对较快，不会给中央处理器带来过大的计算负担。

（3）任意方向的包围盒

任意方向的包围盒曾经是评价碰撞检测算法的标准。一个给定对象的任意方向的包围盒被定义为包含该对象且相对于坐标轴方向任意的最小长方体。它根据物体本身的几何形状来决定盒子的大小和方向，无须和世界坐标轴垂直，而是一个沿着物体主轴方向最紧凑、最适合物体的六面盒子。

与沿坐标轴的包围盒相比，它最大的特点就是方向的任意性，这使得它可以根据对象的几何特点尽可能紧密地包围对象，但同时也使得它的相交测试变得复杂。

（4）离散方向多面体

离散方向多面体是在分析以往采用的层次包围盒的缺点后提出的。一个物体的被定义为包含该对象，且它的所有面的法向量均来自一个固定的方向集合的凸包。其中的方向向量为共线且方向相反的向量对。

3. 空间分割法

空间分割法是将整个虚拟空间划分成等体积规格的单元格，以此将场景中的物体分割成更小的群组，并只对占据了同一单元格或相邻单元格的几何对象进行相交测试。一般来说，空间分割法在每次碰撞检测时都需要确定每个模型占有的空间单元。如果场景中不可动的模型很多，可以预先划分好空间单元格并确定每个模型占有的空间单元。当有模型运动时，只需要重新计算运动模型所占有的空间就可以了。比较典型的空间分割法有八叉树、二叉空间分割树等。

基于面向对象的动态八叉树结构是对动态场景进行检测。它的构造和碰撞检测策略是将场景表示为等体积的规则单元格的组合。以立方体单元格为例，将单位立方体由动态八叉树动态表示。当单位立方体检测到碰撞，它将被分解成 8 个子立方体；否则不分解。以此循环递归，再通过预先设定阈值来控制分解的终止。

二叉空间分割树包含的是平面的层级，其每一个平面都将一个区域的空间分割成两个子空间。可将实体表面的一部分作为叶节点的平面。该平面的一个子空间代表实体的内部；另一个子空间代表实体的外部。二叉空间分割的碰撞检测策略：在两个对象间找出分割平面以确定两个对象是否相交；若存在分割平面，则无碰撞发生。为了提高效率，可先检测分割平面是否与包围盒相交；当有相交时再与包围盒中对象的多边形进行精确检测。空间分割法由于存储量大及灵活性不好，使用不如包围盒法广泛。

4.Lin-Canny 检测法

Lin-Canny 检测法是一种精确地测量对象的碰撞的快速算法，该算法的性能不受对象顶点数目的影响。其主要思想是寻找两个多面体之间的一对距离最近的特征，称为最近特征对，当多面体运动时，跟踪更新最近特征对。这里的特征指多面体的一个顶点、边或面，特征对的距离指两个特征上最近两点的距离。测试多面体（区域）是一个由一个面以及此面邻近的面延伸的平面共同定义的区域。测量区域分为内部区域和外部区域。内部区域是由以该面为底，以物体的质心为顶点的棱柱定义的。只要两个物体坐落在区域外部，便可使用简单的近似特征进行碰撞检测。若物体坐落在区域内部，物体之间必定会产生碰撞。

（二）碰撞响应

物体碰撞以后需要做一些反应，如产生反冲力反弹出去，或者停下来，或者让阻挡物体飞出去等，这都属于碰撞响应。碰撞响应是当检测到虚拟环境中发生碰撞时，修改发生碰撞的物体的运动表示，即修改物体的运动方程，确定物体的损坏和变形，实现碰撞对物体运动的影响。

碰撞响应是由发生碰撞的虚拟对象的自身特性以及具体应用要求决定的。如果发生碰撞的对象是弹性物体，物体弹性形变后反弹出去，然后物体会恢复原来的几何形状。如果是塑性物体，物体发生表面变形后不反弹。如果是刚性物体，物体会被强有力地反弹回去。弹性物体、塑性物体与刚性物体的区别：刚性物体的运动仅仅是位置、方向和大小的改变，而弹性和塑性物体则额外增加了变形属性。由此，碰撞响应分为两种情况：表面变形和力的反弹。

1. 表面变形

表面变形通常采用以下两种算法求得。

如果物体是使用参数表面建模的，也就是使用贝塞尔曲面、B样条曲面等表示，这些曲面将物体表示为一系列曲面片的光滑拼接，每一片均可独立控制，控制顶点的移动必须受到光滑条件的约束。这种间接的表面修改非常困难。有学者提出了一种直接自由变换方法，允许用户选择对象参数表面上的一个点，并把指针移动到该点应该处于的新位置。然后，由该算法计算为了使表面性质发生期望的形状，控制点网格需要发生的变化。由于所选择的表面点存在多种控制点网格配置，都能产生同样的变形，因此该问题的解是不确定的，需要使用最小平方法在所有可能的控制点网格配置中做出选择。

如果物体是多边形方法建模，也就是使用多边形网格组成物体，多边形表示的物体变形是利用造型投影方法来实现的。由于实际造型往往采用旋转、拉伸垂直扫描或水平扫描等操作，这些物体的投影方法非常简单。其算法为采用数据结构扫描两个多面体与顶点、边、面、交点的关系，并读取它们的拓扑信息和几何信息，将两个物体的投影中心平移在一起，计算单位球面上的投影。将获得的拓扑信息进行排序，用于决定一个模型的顶点映射到另一个曲面的位置。然后采用投影变换、光线跟踪算法或其他成像方法，获得变形后的虚拟物体的逼真图像。

2. 力的反弹

力的反弹则是根据虚拟实体的物理特性来实现的。大致分为两种算法。

计算实体间相互作用力的方法，包括基于约束力的方法和补偿方法。基于约束力的方法不直接计算虚拟物体之间在碰撞时相互作用力的大小，而是将碰撞看作一种对实体运动的约束，根据这些约束建立实体运动的约束方程，并用数值方法求解这些约束方程，得出每个实体所受约束力的大小和方向，将这些力添加到每个实体所受合力中，最后根据合力求解实体新的运动状态和运动方程。但是，在实际问题中，约束不一定是完全约束，而可能是不完全约束，这时就不能用求解方程的方法求解了。补偿方法是一种比较简单的方法。它在两个相互碰撞实体之间添加一个假想的弹力，这个力的大小等于两个实体之间的穿透深度乘以一个常量，方向是将两实体推开的方向。但是当计算时间步长太大时，实体可能在计算下一运动时已经穿过了其他实体一定的深度，这个深度不是实体真实穿透的深度，而是由于没有来得及计算而穿透的深度。如果以这个深度来确定弹力的大小，则有可能对实体产生一个很大的力，由此产生不真实感。因此，补偿方法的关键是确定弹力的大小。

分析方法，即在进行碰撞响应时，根据实体的受力情况，采用如动量定理等计算出碰撞引起的实体速度与角速度的变化，并以新的实体运动速度为初速度建立新的实体运动方程。有学者提出了分析方法，并给出了在完全非弹性的情况下的方程组。但没有给出该方程组的解，须进行数值计算才能求解。在以后的研究中，人们假设两个实体碰撞时表面没有摩擦，简化了计算，并运用动量定理列出了物体碰撞前后的速度和角速度，得出了碰撞后实体速度和角速度的解析解，并求解出了新的运动方程。

第三节　运动建模

运动建模主要用于确定三维对象在世界坐标系中的位置，以及它们在虚拟世界中的运动。对象的运动是有先后顺序的，并由多个连接形成，一个部位的运动带动另一个部位的运动，由此，对象是分层次的。随着观察点的不同，物体的运动也是不一样的，所以运动建模也需要设置观察世界的方式，即虚拟相机的运动。虚拟相机图像需要经过变换投影到二维显示窗口中，为用户提供视觉反馈。随着计算机数值模拟技术的迅速发展，人群疏散仿真、城市规划等方面逐渐趋向于用计算机行人运动仿真软件来模拟。由此，行人的运动建模也成为目前运动建模研究的热点。

一、对象位置

在虚拟现实的运动建模中，对象位置通常采用坐标系来表示。对象位置的变化通常是由平移、旋转和比例缩放等几何变换引起的。在场景创建时，对象的平移、旋转和缩放通常采用齐次变换矩阵来描述。坐标系采用绝对坐标系，即世界坐标系，起着定位每一个物体的作用。而在对象表面建模中，顶点坐标使用的是每个物体对象定义的坐标系。这个坐标系捆绑在对象身上，通常位于重心处，其方向沿对象的对称轴方向。

当对象在虚拟世界中移动时，它的对象坐标系位置随着物体一起移动，因此，无论对象在场景中的位置如何变化，在对象坐标系中，对象顶点坐标的位置和方向一直保持不变。只要对象表面不发生变形或切分，就一直是这样的。

如果对世界坐标系中的对象缩放，需首先把对象平移到世界坐标系的原点再缩放对象，完成缩放以后把对象平移回原来的位置（中心坐标不变）。

二、对象层次

对象层次定义了作为一个整体一起运动的一组对象，各部分也可以独立运行。假设不考虑对象层次，对象模型是一个整体，如虚拟手，这就意味着手指不能够单独运动。为了实现手指的运动，必须对手的三维模型进行分段设计。这种分段是虚拟世界中对象层次的基础。在对象层次中，上一级对象称为父对象，下一级对象称为子对象。根据人身体运动的生理机制，父对象的运动会被所有的子对象复制，而子对象的运动却不会影响父对象的位置。由此，分段模型层次采用树图来表示，每个节点的描述采用齐次变换矩阵。树的节点表示对象分段，分支表示关系。树图中的一个节点是从它开始的下一级分支上所有节点的父节点。大多数虚拟现实开发工具均支持层次结构，作用域给定父对象上的几何变换会自动传递给它的所有子对象。树图的最上面是全局变换，决定了整个场景的观察视图。如果改变了节点的值，所有的子对象都会表现为平移、旋转和缩放。因此，要实现在虚拟世界中的漫游，需不断地使用跟踪器等输入输出设备交互式地修改全局变换矩阵。

对于虚拟手来说，它的层次结构为1个手掌父节点和5个手指子节点。当手掌运动时，所有子节点也随之运动。为了实现一个抓握手势，需要把每个手指再进一步细分为子结构。手指是第一指关节的父节点，第一指关节是第二指关节的父节点，而第二指关节又是末梢关节的父节点。使用来自传感手套的数据改变手指分段的位置，可以模拟出虚拟手的动作，这是通过改变手的树图结构中的各个节点之间的变化矩阵实现的。

三、虚拟摄像机

三维世界通常采用摄像机的坐标系来观察。摄像机坐标系在固定的世界坐标系中的位置和方向称为观察变换。开放图形库中的摄像机坐标系为左手坐标系，与其他和模型变换相关的笛卡尔坐标系不同。

在观察虚拟对象时，通过摄像机的窗口来观察。所以，图形实时绘制需要根据摄像机的坐标实时绘制对象。也就是图形实时绘制并不关心整个虚拟世界，而是只处理摄像机看到的那一部分。这部分场景用一个称为视景体的空间定义，它是与摄像机坐标系对齐的一个四棱锥的一部分。视景体的顶点位于摄像机坐标系的原点，又称为投影中心。

从投影中心到三维对象顶点的连线与观察平面相交，形成了对象的透视投影。投影的大小与对象到投影中心的距离成反比，即远处的对象比较小，近处的对象比较大。

为了优化处理过程，图形绘制的实时绘制阶段把视景体映射为一个规范的观察体，如立方体。一旦三维对象被投影到规范的立方体上，它们的坐标就会被正规化。

此外，对象还会被裁剪，只有位于立方体内部的对象才会被绘制。如果把绘制的对象映射到二维显示窗口中，就需要对对象的坐标进行平移、缩放，这就是屏幕映射。如果窗口呈矩形，则缩放是不均匀的。

四、行人的运动建模技术

行人运动模型是对现实世界中行人行为特征的抽象和数学描述。建立通用的行人运动模型具有很大的难度。一方面，人是自然界最复杂的智能体，日常生活中的每一个小动作，如喝水、购物，其背后都隐含着复杂的感知和决策过程，在这些方面人类对于自身的认识还相当不够；另一方面，现实世界人群中的每个人都是一个独立的智能体，即使拥有共同的目标，每个人的立场、性格也不相同，甚至对于共同目标的认识也不尽相同，因此，很难抽象出隐藏在复杂现象背后的共性特征。不过尽管人的行为是比较复杂的，有时或多或少地表现出无序，但仍然可以找到规律性。

国外学者曾得出这样一些结论：行人对于绕道或者向相反方向运动表示出强烈的厌恶

心理；行人总是与他人或公共设施边界保持一定的距离；行人有时会重复别人的行为方式；在拥挤场合，人群通常会因为恐慌而推挤和惊跑，从而导致冲撞践踏并引起伤亡事故等。目前通用的行为运动建模方法研究单个行人的运动行为，包括行人的个体特征以及不同行人之间、行人和行驶环境之间的动态交互。典型代表性模型有元胞自动机模型、磁力场模型、社会力模型以及排队论模型等。

（一）元胞自动机模型

元胞自动机理论从微观角度来模拟单个行人的运动，它把行人运动空间抽象成网格阵，每一网格中有几种可能的状态。在仿真过程中，每一单元格的行人按照自身和与其相邻格的状态，按照一定的算法更新自身的状态。元胞自动机模型提供了一种简单且有效的方法来描述行人的随机特征。模型的重点和难点在于自动体的更新算法，如最大收益算法，更多的则是基于规则的算法。因此元胞自动机模型被广泛地应用在行人仿真系统中。

我国以火灾科学国家重点实验室（中国科学技术大学）为代表的学者主要对火灾或灾难情况下的行人逃逸行为运用元胞自动机理论进行了数字模拟研究。

元胞自动机模型虽然可以描述单个行人运动的随机特性，但对行人运动和疏散中常常存在的不清楚目的地和出口的情况却无法体现，这时应如何来描述行人的记忆和探索，以及根据周围情况，如视野的动态变化、拥挤压缩等做出合理的行为选择还有待进一步的研究。

（二）磁力场模型

磁力场模型是由日本的一位教授提出的，磁力场模型认为个体行人和障碍物都是磁力场正极，行人的出行目的地为磁力场负极，由于磁力的作用，行人向目标运动并在运动过程中避免碰撞。作用在行人上有如下两种力：

①根据库仑定律作用在行人上的正力，其大小与磁场强度和行人之间的距离有关。

②行人在运动过程中避免与行人和障碍物碰撞所施加的反作用力。

行人在每个时间点上的速度方向是由上述两种力相互作用而确定的。磁力场模型意义明确，从物理角度描述了行人运动的驱动力，如何进一步考虑行人运动的心理因素是该模型的改善重点。

（三）社会力模型

驱动行人运动的社会力模型（多粒子驱动模型）表示人与人、人与环境的社会心理和物理作用。该模型以牛顿力学为基础，假设行人受到社会力的作用，从而驱动行人运动。在该模型里，依据行人不同的动机和他在环境中所受到的影响，他们一共受到三种作用力的影响，即驱动力、人与人之间的作用力和人与边界之间的作用力，这些力的合力作用于行人，产生一个加速度。其中驱动力是主观意识对个体行为的影响化为个体所受自己施加的"社会力"，体现了行人以渴望的速度移动到目的地的动机。人与人之间的作用力是试图与其他行人保持一定的距离所施加的"力"，包括社会心理力和身体接触力。人与边界之间的作用力是指边界和障碍对人的影响，类似于人与人之间的作用。

社会力模型用数学解析公式表达了行人在复杂环境下的运动过程，该模型的连续性特征，使得它可以精确描述各种层次的作用力，因此虚拟结果可靠，比较接近真实情况。社会力模型能够较好地、真实地描述现实中的很多现象，是目前所有的仿真模型中最能体现人群真实运动情况的模型，仿真的结果也显示了现实生活中人群运动中的自组织现象。不过，社会力模型的缺点在于计算量太大，要实现大规模仿真，对于目前的计算机运行速度来说是一个挑战。

（四）排队论模型

在排队论模型中，行人的运动基于概率函数，行人按一定的概率到达服务点，获取服务和离开队列。它的三个基本构成要素是动态实体的到达模式、排队规则和服务器的服务机制，如先进先出机制等。在以研究疏散为目的的微观行人运动仿真中，先后几位学者都提出了排队网络模型，并将该模型应用到建筑物的疏散仿真研究中。随机排队模型就是其中之一。

在该模型中，建筑物被划分成网格，节点代表房间，行人被视为单一的流动体。运动时，行人从某个节点出发，依据一定的概率（该概率由概率公式计算得出）从所有可能的连接中选择一个连接（如果选择的连接不可用，行人就必须等待或寻找新的连接）；然后到达一个新的节点，每个行人都选择尽可能快和能够安全地移向出口的节点，其移动的路径和疏散时间记录在每个节点上。

该模型有很好的视觉化效果，可以模拟排队系统中的瓶颈效应，而且可以计算疏散时间。但是行人的行为，如碰撞等在模型中体现得不太明显，尤其是在拥挤环境下不太真实。

第四节　行为建模

行为建模是探索一种能够尽可能接近真实对象行为的模型，使人能够按照这种模型方便地构造出一个行为上真实的虚拟实体对象。行为建模赋予了虚拟对象"与生俱来"的行为和反应能力，并且遵从一定的客观规律，它起源于人工智能领域的基于知识系统、人工生命行为的系统。

虚拟环境中虚拟实体对象的行为可以分为两类：需要用户控制的行为和不需要用户控制的行为。

需要用户控制的行为：这类行为往往需要接受用户的输入并做出相应的动作。虚拟对象随着位置、碰撞、缩放和表面变形等变化而动态产生的变化属于这类行为，这是虚拟环境中最难处理的问题之一。如碰撞问题，检测虚拟对象间是否发生碰撞只是解决碰撞问题的第一步，还要处理与虚拟对象间的碰撞相关的各种形变以及由碰撞而产生的声音，甚至需要将碰撞产生的力感变化反馈给用户。

不需要用户控制的行为：这类行为一般不需要从用户那里获得输入，而是从计算机系统或者与虚拟环境相连接的外部传感器中获得输入。如虚拟环境中时钟的运动就是从计算机系统的时钟中获取输入，虚拟环境中的温度计则需要从与虚拟环境相连接的温度传感器中获取实时的环境温度，而虚拟的人工鱼在虚拟海洋中的游动完全由"自治代理"控制。

由此可知，行为建模主要研究的内容是模型对其行为的描述以及如何决策运动。目前，已有的行为建模方法有基于行为代理的行为建模、基于物理的行为建模、基于特征的行为建模等。

一、基于行为代理的行为建模

行为代理是一种抽象的工具，通过它能使研究人员用更方便、更熟悉的拟人化方式来描述、解释、预测一个复杂系统的行为。

目前一般认为行为代理是可以感知其所处环境，并能根据目标，自主运行，交互协作，作用于环境的计算实体。它为分布交互式系统仿真的分析、设计和实现提供了一个新途径，成为研究复杂适应系统的重要手段。行为代理具有以下基本特点。

①自治性：不需要用户参与自主运行与操作的能力。

②反应性：感知环境变化并以预先设置的方式进行响应的能力。

③机动性：从一个主机转移到另一个主机的能力。

④知识性：通过规则数据库的建立，具有知识建立和知识获取与应用的能力。

⑤适应性：不需要用户指令自行修正其行为的能力。

⑥协作性：与其他行为代理进行通信，并协同工作（如冲突处理），可以完成更复杂的任务或实现整体目标。

行为建模主要针对各种自主的行为代理，即行为代理的建模。它们具有一定的智能性。基于行为代理的行为建模技术分为反应型、混合型和多行为代理行为建模。基于反应型行为代理的行为建模对物体进行建模非常简单，建模出来的物体反应快速，但其智能程度不高，适合对虚拟环境中智能程度较低的物体建模。混合型行为代理行为建模主要是对虚拟环境中具有智能性的物体建模。多行为代理行为建模把物体的行为分为自主行为和外部互操作行为，它将与其他智能体交互的行为单独列出，并单独建模，该方法对存在多智能体的协同式虚拟环境尤其适用。

行为代理一般包括三个部分，主要功能如下。

观察部分：用来接收和感知外界信息，如通过传感设备等手段获取所处环境的综合信息。

决策部分：用于完成任务时的行为决策，实现过程中，一般先将行为规则写入数据库，需要进行决策时，采用"匹配—选择—应用"的循环机制进行决策。

行动部分：一方面指相对简单的行动，如前进、后退等；另一方面指内部状态的改变，如当前位置等。

数据库用来存放当前获取的信息和建立的知识及规则。行为代理建模方法的应用实例是麻省理工学院媒体实验室在 20 世纪 90 年代初开发的表现反射行为的机器人手臂，可通过编程实现与用户握手。反射行为被分配到模型的各个部分。一旦发生虚拟握手，用户可以控制该机器人手臂的胳膊。如果用户移动到右边，该机器人手臂的整个胳膊都会发生转动。

更复杂的反射行为的实例是包括能识别和模拟用户动作的代理。模型可以识别和模拟用户的身体姿态。身体姿态包括行走、用右手或左手进行指、点和抓、握，竖直和水平的头部运动等。当用户抬头和行走时，模型也随之抬头和行走。

另外，一组代理形成了群体，群体可以是被指挥的、程序控制的或自主的。群体的自主级别不一定与群体中的代理一致。例如，一个被指挥的群体可能是由自主代理形成的。在这种情况下，群体具有一个共同的目标。每个代理能够通过某种方法感知周围的环境并做出反应。如果群体是被指挥的，那么用户需要制定路标或游行路线。另一种可选的方案是通过程序控制，让群体跟随领导者。这就意味着群体内部有社会层次，具有相同自主级别的代理之间能够互相沟通。记忆是群体行为中的一个重要因素，它使得群体以相同的方向响应一个给定的重要事件。可以用于地震、建筑物倒塌等巨大危险事件做出群体行为响应的仿真。

二、基于物理的行为建模

基于物理的行为建模最基本的出发点是任何物体的运动在最底层都是由物理规律支配的。建模技术使用物理定律控制物体的行为，即可使用基于物理的控制系统来控制模型，基于物理的模型之间以及它们与其所在的虚拟世界之间能够做出响应。用计算机对物理现象，尤其是简单的物理现象进行建模是非常简单和直观的。

基于物理的行为建模对模型的控制有两种方法：基于约束的、运动合成方法和基于冲量的方法。基于约束的、运动合成方法通过逆动力学技术和 / 或约束优化技术对虚拟对象的运动施加约束。有两种方法来计算满足约束的运动：逆动力学技术和约束优化技术。在逆动力学中，虚拟对象的运动通过求解运动方程决定。这需要计算一些约束力 / 力矩，这些约束力 / 力矩将迫使动画对象根据指定的约束进行运动。约束优化的思想是在状态一时空图中表示一个物体的运动，然后定义一个目标函数，从而把运动控制当作一个优化问题进行处理。

基于冲量的建模方法把所有类型的接触通过处于接触状态的物体间一系列碰撞产生的冲量进行建模，这种方法不仅产生物理上精确的结果，而且速度快。

三、基于特征的行为建模

基于特征的行为建模技术以目标为驱动，经过分析、设计和评估三个过程完成实体对象的行为建模过程。分析过程用于定义实体对象的行为特征，以推动设计的进行。设计过程根据模型的特定目标和标准进行模型的设计。评估过程是评估模型的可行性、灵敏性或优化程度，并理解更改设计目标所带来的效果。

该技术有助于从设计开始获得产品模型，在评估阶段发现和修改设计错误，提高设计水平和效率，提高产品质量和降低设计成本。

由此，虚拟环境在创建模型的同时，不仅赋予模型外形、质感等表观特征，还赋予模型物理属性和"与生俱来"的行为与反应能力，并且服从一定的客观规律。

第五节　声音建模

虚拟声音建模可定义为人类用听觉模型把信息精确地传输给操作员的一种媒体，它兼有方向特性和语义特性，以及在虚拟环境中形成动态物体和事件的自然表达。也就是说，声音再现必须与现实完全一致，意味着这种声音再现应在要执行的任务范围内提供与人的听觉等效的功能。所以，对于虚拟声音的建模的开发目标如下：

①声音足以在可听范围内重现频率分辨率和动态范围；

②在三维空间上精确地呈现信息；

③能表达多个静止或移动的声源；

④声音再现是实时和交互的，即可应答用户使用中的需求；

⑤能够提供具有与头部运动适当关联的动态声音显示的稳定声音环境；

⑥在可显示的声音信息的类型方面有灵活性，如真实的环境声音、听觉图符、语音以及多维听觉模式或物体流等。

综上所述，声音建模主要是对虚拟场景中三维立体声音的定位和跟踪，让置身于虚拟世界的人能实时识别声音的类型和强度，能判定声源的位置。声音建模的过程如下：

①产生声音原型。这些原型声音可以建立在弹性物体振动的模态分析基础上，或者由用户自定义合成。

②由对象调制原型声音来引用原型声音，并与移动的三维物体相连，这必须建立在控制运动物体的成形模拟基础上。

③将物体发出的声音变换到接收器上，计算三维环境的调节效果。这些与时间有关的声音变换表示与原始物体声音无关。

④对声音进行描述说明，在重新取样过程中计算完成声音再现。

声音通常是通过与虚拟摄像机相连的虚拟麦克风录制而成的。声音信号最后汇总（混合）形成一条完整的声音轨迹。如果是立体声，则由每条通道分别完成这个合成过程。简单来说，这个过程分为两步：一是虚拟声音建模，二是虚拟声音传播和再现。

一、虚拟声音建模

当物体产生三维立体声音时，声音信号向所有方向传播开来，并被其他物体或介质反射和折射，最终被接收器捕捉到。所接收到的信号是由多个来自不同路径的信号组成的合成信号。为了计算这个综合信号，每个可能的传播路径要能通过环境独立跟踪，合成的最终声音是初始声音对时间的一个积分函数，这也称为虚拟声音建模。在声音建模时，要考虑引起不同延迟的不同长度的路径和对相同信号的衰减率，一般离散化成一定数目的样本数据进行计算。这种建模方法仅仅能够描述按固定时间间隔取样的强度来表示的近似于传统音乐的一维声音信号，不能表述讲话声或噪声。

发自物体振动的振动声是由于物体和具体环境产生了交互作用而产生的。如碰撞、摩擦等。所以，通常采用物理原理的频谱组合法建模。其原理是计算出一个物体所有可能的振动模式，并求出所有这些模式的加权和近似模式。尽管这种方法对于瞬间振动不够准确，但它给出了供观赏可接受的结果。

由两个物体相互摩擦而产生的声音显示过程涉及两个物体材料的微观表面性质。如果两个物体以相同方式发生振动，所产生的声波形状近似于物体表面起伏不平的形状，可用噪音的摩擦系数的倒数为粗糙表面的声音建模。

除此之外，在声音建模方面，有学者提出了声音纹理的概念，使用节点和域的方法对环境声音进行建模。如在声音节点中增加效果域，增强对三维声音的空间表现力，使听觉表现更为逼真和富有沉浸感。在声音效果节点中设置预设域，可以简化对环境声音的描述。

二、虚拟声音传播和再现

虚拟声音传播时，主要考虑声音跟踪和声音再现两个关键性问题。声音在传播过程中，声强会随着声音经过的距离而衰减，信号的延迟时间也与传播距离成正比。声音的发出也是有方向性的。通常是向所有方向平均扩散，在各个方向上很少有突变。所以，距离和方向对声的传播有一定影响，这也是在声音跟踪、声音再现等关键技术中讨论的主题。

（一）声音跟踪实现

回声是虚拟世界中的物体反射声音而形成的第二级声源。在回声空间中，一个声音源的声场建模须找到第一初始声音源和一离散的第二声音源（回声）。第二声源可以由三个主要特性描述：距离、相对第一声音源的频谱修改（空气吸收和传播衰减等）和入射方向（方位和高低）。

一般情况下，采用两种方法找到第二声音源：镜面反射法和射线跟踪法。镜面反射法采用的算法通常是递归算法，计算量较大。由于镜面反射是软性的，因此没有考虑光线的延迟和衰减。

射线跟踪法是抽取第一声音源发出的若干数量的射线，找到从声源到接收者的全部传播路径，每条路径都用一个带有延迟和衰减的独立声音线索来表示，衰减是由路径长度和反射系数造成的。所以，一般采用全方向辐射中传统使用的反射公式来计算第二个声源的能源总量。因为射线跟踪法是线性关系，不是指数关系，所以能在很少的处理时间产生合理的结果。

（二）声音再现

声音再现时，一般用关键帧显示声音变换。描述声音信号时，使用两个独立的时间和强度坐标，每个坐标都可以进行转换。对于强度改变通常可接受的只是比例缩放。时间定义了一个声音何时开始，延迟时间多长，而修改时间会引起频率的调整。

第四章　建筑漫游动画中的三维建模工具

第一节　渲染插件

一、平面图的导入

（一）单位设置

将在 AutoCAD 中绘制的平面图导入 3ds max 中，进行模型的制作。双击 3ds max 2011 图标，打开 3ds max 软件。

在制作模型前先设置单位，3ds max 中有很多种单位，如英寸、英尺、毫米、厘米等，因为一般图纸上的单位是毫米，所以在软件中也要相应地把单位设置成毫米。设置方法如下。

选择"自定义"—"单位设置"命令，在弹出的对话框中将单位修改为毫米，单击"OK"按钮。

（二）平面图的导入

单位设置好后，导入制作好的平面图，根据平面图的尺寸大小、方位制作模型。选择菜单栏的"文件导入"命令。

选择导入文件类型为 DWG 格式，双击要导入的文件，或者单击要导入的文件，然后单击"打开"按钮，打开导入的文件。

导入文件后，场景中就会出现在 AutoCAD 中绘制的二维平面图，白色的线条是绘制好的墙壁，是可编辑的样条线图形。

二、制作建筑漫游动画的要求

制作建筑漫游动画对模型、材质、灯光、摄影机都有一定的要求，下面说明制作过程中应该注意的事项。

（一）建筑漫游动画对模型的要求

建筑漫游动画中模型的制作要在不影响美观的条件下尽可能地精简模型的片段数。在模型需要精雕细琢的地方，根据需要，线的段数会细密、增多，在不需要精细制作的地方就可以减少布线。比如制作一面墙，墙体本身就是一个极简单的模型，不需要进行刻画，可以尽量减少布线。这是因为模型的面数越少，计算机运算得就越快；相反，面数越多，线越多，计算机运算得就越慢。当然，在一些重要的、精彩的、需要给特写的地方，模型就需要制作得精细一些。

如果根据固定的图纸制作模型，就要考虑实际楼体的比例问题，一定要按照图纸给出的比例制作模型。具体要求有以下几条。

1. 减面原则

删除看不见的面，这是低面数建模中最常见的。在制作一个场景比较复杂的漫游动画时，由于东西太多机器出现运转速度过慢的现象，这就需要删除一些暂时用不到的面或者模型，只保留目前需要的部分，这样就可以减少机器的内存消耗，提高机器的运转速度。这个场景只要能看到正面那部分就可以，其他角度暂时不需要看到，为了节省内存，就可以把目前不需要的部分先删除。

2. 合并原则

有时一个场景中会有很多个对象，为了方便制作，我们要将多个对象合并成一个对象，以方便将其导入到其他三维软件或游戏软件中，可以用布尔运算的方法进行合并，以便于对场景的控制和管理。布尔运算有以下 3 种类型：

①并运算，即两个物体合并成一个物体，去掉重叠的部分，同时将两个物体的交接网格线连接起来，去掉多余的面。

②交运算，即两个物体相重叠的部分保留下来，其余部分去掉。

③差运算，即第一个物体减去与第二个物体相交的部分，同时除掉第二个物体，在这种情况下，首先选择第一个物体。

3. 拆分原则

如果做一个较大的山地，山地在没有拆分时，所有地面数据都会载入内存，这样会加重内存的运算负担，如果将大地形进行适当的切割拆分，将摄像机看得见的部分载入内存中，这样就会加快机器的运算速度。

4. 细分原则

有时模型表面需要进行光滑处理，所以要对模型进行细分，模型细分应在保证视觉品质的条件下，尽量使用最少的面达到最佳的效果。模型的线段和面数越多，细分也就越精细。

5. 几何体的转换

我们在制作模型时，首先要把几何模型转换成可编辑模式，3ds max 中提供的转换模式有 4 种，分别是网格模式、多边形模式、面片模式、曲面模式，其中网格模式和多边形模式最为相似，如果我们为了和后续的一些游戏软件相匹配，在转换几何体时一般选用网格模式和面片模式，一般情况下转换成标准的网格模式即可。

6.网格功能

3ds max 的网格功能非常强大和实用，利用这些网格功能可以进行平面绘图尺寸的定位，配合网格捕捉精确地绘制平面图。按住"Shift"键右击，在弹出的快捷菜单中选择网格与捕捉设置。

图中网格的每一格的大小为 100mm，利用网格捕捉工具可以容易地定义二维线条的长度。

（二）建筑漫游动画对材质、灯光的要求

在制作建筑漫游动画时，材质和灯光起着非常关键的作用，甚至会影响整个动画的效果，制作过程也是比较复杂的。

材质和灯光是相互作用、相互影响的，材质做得再好如果没有合适的灯光烘托，也显现不出材质的最佳效果。不同种类的灯光照射到物体上会产生不同的效果，同一灯光的不同属性照在同一物体上也会产生不同的效果，灯光的颜色、强度、距离的调节是非常关键的，材质不同也会影响灯光照射在物体上的效果。

3ds max 中材质的属性都具有模拟真实世界的特点，要想使动画场景显得更加真实，就要把材质的属性调节得更加真实，比如控制好反射和折射的参数，每一种材质的属性都有其固定的参数，要准确地控制好这些参数。

建筑漫游动画的灯光控制和静态的效果图是不同的，效果图的视角相对比较单一，表现起来简单一些，建筑漫游动画由于是对整个场景的动态展现，需要从不同角度进行调整和展示，对灯光的要求比较复杂。室内和室外场景的灯光有着明显的差别，室外一般都是模拟自然状态下的光线，室内一般采用点光源。光源目标点距离远近的调节对照射在物体上的效果也有着很大的影响。

建筑漫游动画对灯光、材质等的要求具体来讲有以下几点。

1.灯光

在 3ds max 中有 7 种灯光类型，包括聚光灯、自由聚光灯、平行光、自由平行光、电光源、天光、区域光。其中天光和区域光是其他一些游戏软件所不支持的，应尽量避免使用这两种光。

2.材质

3ds max 提供了很多种材质类型，但在建筑漫游动画中最常用的是这几种类型，即标准材质、混合材质、合成材质、多重/子维材质、壳材质等。

可以输出的材质的基本数据有双面材质、面映射模式、环境色、漫射色、高光色、高光等级、光泽度、自发光、不透明度。

3.贴图

①贴图图片选择的格式。图片的格式有很多种，但是贴图所用到的图片格式最常用的有 JPG、BMP、TGA、PNG、PCX、TIF 等。

②贴图的尺寸。在 3ds max 中，对于贴图尺寸是有一定要求的，按要求贴图的尺寸应设置成 2 的 n 次方，即 128×128、256×256、512×512 或 1024×1024 等规格。

③透明贴图。制作透明贴图时，要注意贴图的比例，要按照图形大小进行裁切，不能留有多余的边，否则贴在模型上会把多余的边也贴上。

④ UVW 贴图坐标。UVW 贴图坐标是很常用的一个修改器，给物体施加贴图后，贴图没有展开，就可以使用这个修改器展平贴图。

⑤ 3ds max 中可以输出的材质贴图模式有漫反射贴图、不透明贴图、凹凸贴图、反射贴图。

（三）建筑漫游动画对摄像的要求

在建筑漫游动画中，要想把作品完美地展现出来，除了要在建模、材质、灯光上下功夫，摄像的作用也是极其重要的，也就是怎样展现作品，从什么角度来展现会更好。突出作品的优势、亮点，镜头衔接流畅自然，完美展现作品的同时给人一种美的享受，仿佛徜徉其中，这是摄像需要做到的。

在摄像之前，我们要有一个分镜头的设计，也就是一个整体的策划，包括镜头的次序（先表现哪里后表现哪里，要考虑好这样表现的意义所在），哪里给特写，哪里用全景，怎样表现会更好地突出建筑的特点等，切忌一根线游到底。

应用摄像机应该注意以下问题。3ds max 中的摄像机分为两种，一种是有目标点的摄影机，另一种是自由摄影机。这些虚拟的摄影机也有不同的、可调节的焦距，此外还能够模拟景深和运动模糊的特效，可根据需要进行设置。

①一些游戏软件不支持摄影机的动画，但却支持一些摄影机资料。

②在给摄影机做路径动画时，注意一定要选中摄影机，不要选择目标点。

三、建立小区楼体及其他设施模型

（一）建立小区楼体模型

1.导入平面图

双击 3ds max 2011 图标，打开软件，选择"文件"—"文件导入"命令。导入文件的类型为 DWG 格式，双击要导入的文件，打开绘制的二维平面图，白色的线条是绘制好的墙壁，是可编辑的样条线图形。

2.建立模型

先设置尺寸单位，选择"自定义"—"单位设置"命令，在 3ds max 中有很多种单位，如米、厘米、毫米、米等单位，修改单位为毫米，单击"OK"按钮。设置好单位后，右侧属性面板的参数值后面就会出现毫米单位，这就说明单位已经设置成功。

制作室外建筑漫游动画的楼房模型，首先要分析楼房的构造特点，楼房主体的形状和特点，一般建筑动画的内部都是空的，主要看外观的整体和细节。要在不影响模型整体质量的情况下尽量精简模型面数，以减少机器的负荷。

①在导入的平面图中选择顶视图，按快捷键"Alt+W"把顶视图切换到大视图。

②在创建面板中单击"开始新图形"按钮，选择样条曲线，样条曲线按照图的线框边缘进行绘制，单击"线"按钮，在白色线框上单击，松开鼠标，移动鼠标就会出现一条跟随鼠标的牵连的线，把鼠标放到平面图转折的位置再次单击，按照这个方法依次画完白色线框。

③选择画好的白色线框以外的线框，右击，在弹出的快捷菜单中选择"隐藏选择物体"命令，这样就可以把不需要的线框隐藏掉，选择"显示全部"命令可以显示隐藏的线框。

④选择刚画好的线条，进入修改面板，单击修改面板中的"轮廓"按钮，在后面输入数值0.1，目的是让墙面呈闭合实体。这样在挤压时就会产生墙壁的厚度。

⑤接下来用挤压修改器把大视图变成三维立体模型，选择白色样条曲线，进入修改面板，在修改器列表中选择"挤压"命令。调节参数，给墙体一个高度，根据图纸的实际尺寸进行高度调整。在名称框中输入"主楼体"，为模型命名。

⑥在建模时就要用线分割出楼层。选择楼体，右击，在弹出的快捷菜单中选择"转化为"—"转化为可编辑多边形"命令。在修改面板中展开"可编辑多边形"，选择"边缘"命令，也可以单击红色线框三角，选择模型的一条纵线，再单击"环绕"按钮。

⑦在前视图中调整这条线的位置，把它垂直向上拖拽到位置。

⑧选择楼体，单击修改面板中的面或者红色方块，进入面的编辑模式。

⑨选择模型上新添加的面，用"挤压"命令，在右侧的修改面板中单击"挤压"按钮右侧的方形按钮，在弹出的菜单中单击黑色的三角调节挤压的厚度，把这个面挤压出来，然后点击绿色对勾，完成挤压效果。

⑩现在给这栋楼封顶，选择"可编辑多边形"—"面"命令。然后单击模型最顶上的面，这样最顶上的面就会全部选中。单击右侧修改面板中的"挤压"命令按钮右侧的方块按钮，在弹出的快捷菜单中调整数值，挤压出一层。

⑪选择修改面板中的面或者红色方块，将模型内侧红线以下的面全部选中，按"Delete"键删除这些面，然后选择修改面板中的"可编辑多边形"—"边缘"命令，选择图中所画的红线，这样整个一圈边缘就全被选中了，然后按住"Alt+P"键，整个顶部就会被封起来。

⑫回到修改面板，选择"可编辑多边形"—"边"命令。选择线段，调整参数。

⑬选择面，调整参数。

⑭选择线段，调整参数，单击绿色对钩，完成参数的设置。回到"修改"面板，单击"挤压"按钮右侧的方块按钮，在弹出的菜单中调整参数，挤压两线之间的面，单击绿色对钩，完成操作。

⑮选择软件界面右下角的旋转视图工具，调整模型角度。选择"切割"按钮，选中两线中间的面，用"挤压"命令调整参数向里挤压，最后删除红色的面。

主楼体做好了，接下来就按照上面的方法完成钟楼、亭子和台阶，最后得到整个模型。

⑯平面图中的其他模型都按照同样的方法制作，把制作完成的模型保存好。然后选择制作好的模型，右击，在弹出的快捷菜单中选择"隐藏选择的物体"命令，将制作好的模型暂时隐藏，用前面讲的方法建立其他楼房的模型。

（二）赋予模型以材质

对于建筑漫游动画来讲，材质不宜做得太复杂，否则会在制作和渲染上耽误很多时间，最方便快捷又能出效果的方法就是用贴图。做好贴图的取材和尺寸等前期准备工作会为制作整个动画节省时间和精力，并且会取得很好的效果。

下面以上述建立的建筑模型为例讲解如何给模型施加贴图和材质。

1.给模型指定材质 ID

在施加材质之前根据前面提到的要求要把这个模型转换为"可编辑网格"。

打开做好的模型，给模型指定材质 ID，这是很关键的一步，因为模型是一个整体，所以要把不同地方的材质分开选择，根据楼房不同的材质分出 ID 号，每个 ID 号都对应一个材质，便于以后施加多维子材质。在一个物体有多重材质的情况下，用多维子材质是很方便控制的。先拿这个楼房其中的一面为例，先观察一下这个楼房有几种不同的材质，根据每层不同的材质把它们分为几个 ID 号。

具体做法：首先选择模型，单击进入修改面板，选择"面"，然后把模型全部选中，并设置 ID 号为 1。

楼房顶部的材质相同，并且没有分割和纹理，在设置 ID 号时可以全部选中设置一个 ID 号。当选择的面较多时，一定要注意仔细检查是否有遗漏的面，要反复从各个角度检查，确保全部都选中。

设置好 ID 号后，要检查以下设置情况，先取消面的选择，在"选择 ID"后面输入一个刚才设置的号码，再单击"选择 ID"时，这个面会自动被选择上。这说明设置的 ID 号码是正确的。

注意：本次设了 12 个 ID 号。

2.贴图

选择工具条上的"材质"按钮，或者直接按快捷键"M"键，弹出"材质"对话框，然后单击"标准"按钮，弹出"材质"菜单，双击"多维／子对象"按钮，给这个材质球添加多维子材质。

这里的 ID 就是刚设置好的材质 ID 号，向下拖拽可以看到 ID 号只有 10 个，但设置的材质 ID 却有 12 个，可以增加 ID，单击上方的"添加"按钮，每点一下就增加一个 ID。

单击 2 号 ID 后面的按钮，开始编辑 2 号材质。进入"材质"编辑器面板，编辑贴图。

双击"位图"贴图按钮，弹出"选择贴图"对话框，找到需要的贴图并打开，这样就把贴图加到材质球上了。

选择一个新的材质球，在修改面板的"选择 ID"处输入 2，然后单击"选择 ID"，使 2 号材质处于被选中状态，单击"施加材质"按钮，这样贴图就成功地贴在了模型表面。

接下来分别给其他 ID 号贴图。方法同上，直至将 12 个子材质添加完毕。

注意：12 号 ID，也就是楼房的顶端不用贴图，可以给它一个合适的颜色，单击"漫反射"后面的色块，调整颜色。

根据上述方法，制作出平面图上的其他几个楼房模型。

（三）其他设施模型

1. 制作路缘石

制作好楼房模型后，开始制作路面和路缘石。

①导入平面图，按照平面图给出的位置制作路面，黄色线圈起来的地方做成草坪或者一些绿植，黄色线以外的地方做成路面。

②现在先制作地平面，进入创建面板，单击创建几何体按钮。

③制作路缘石。这里采用快照复制的方法，用这种方法可以很快复制出很多相同的物体。

切换到顶视图，我们要沿着红色箭头所指的这条黄色的轮廓线制作路缘石，这条线比较长，所以要分开做，首先用样条线沿着红色线绘制出一条路径。

单击创建面板的"图形"按钮，单击"线"按钮，在顶视图中按照红色线的位置绘制一条线当路径。

④回到创建面板，单击"创建几何体"按钮，单击"盒子"按钮，在顶视图创建一个长方体。

⑤用旋转工具旋转长方体，使它与刚画出的线条平行，在其他视图中调整它的位置，使它要紧贴在地平面上。使用鼠标的中间滑轮或者界面右下角的"放大或缩小视图"按钮，可以放大或缩小视图。

⑥使长方体处于选中状态，让光标和长方体之间产生一条虚线，把鼠标移动到画好的线上，单击，使长方体链接到路径上，长方体沿着路径移动的动画就产生了，可以单击右下角的"播放"按钮，进行预览。

现在制作快照复制。选择长方体，单击"工具"—"快照复制"命令，在弹出的对话框中设置参数，单击"OK"按钮，一排整齐的路缘石模型就做出来了。

⑦接下来制作和这条直线连接的左侧圆角部分，采用同样的方法，先按照圆角的弧度绘制出一条样条线用来做路径，在画弧线时要注意，如果弧线不够圆滑是因为节点不够多。

⑧制作一个长、宽、高分别为 800mm、400mm、150mm 的长方体，根据场景模型大小适当调整长方体的大小。选择这个长方体，链接到刚画好的弧线上。

⑨单击"播放"按钮，发现长方体虽然沿着弧线运动，但方向却随着路径改变，物体的方向也要随着路径改变，选择长方体，单击右侧的图标，进入运动面板，勾选"跟随"项。

⑩选择长方体，单击"工具"—"快照复制"命令，在弹出的对话框中设置参数，单击"OK"按钮。

为了更清楚、方便地观看效果，可以设置一个摄影机。进入创建面板，单击"摄影机"按钮，选择目标点摄影机。在顶视图创建摄影机，并在顶视图和前视图调整它的位置。摄影机的位置可根据需要随意调整。

⑪给路缘石施加材质。单击工具栏上的"材质编辑器"按钮，在弹出的"材质编辑器"面板中选择一个新的材质球，然后单击"漫反射"按钮后面的灰色方块，调整颜色值参数，单击"OK"按钮。利用这个方法继续制作其他部分的路缘石。

建筑漫游动画中除了建筑物还有一些其他设施，如路灯、凉亭等，下面就以这些模型为例讲解模型的制作方法。

2. 制作路灯

①进入创建面板，单击"图形"按钮，选择"圆圈"，把鼠标移到顶视图，放到视图的中点，按住鼠标左键不放拖拽绘制出一个正圆。用同样的方法在它的内侧再复制一个适当大小的正圆。

②在顶视图按住鼠标左键不放并移动鼠标，会出现一个虚线框，用这个虚线框在视图中选择这两个圆形，或者先选择一个圆形，再按住"Ctrl"键单击另一个圆形，把两个圆形都选中，把它转换成样条曲线。

③进入修改面板，在顶视图中选择一个圆形，在右侧的修改面板中单击"结合"按钮，把鼠标移动到顶视图，选择另一个圆，把这两个圆结合成一个整体。

④选择大圆，在修改面板中单击"可编辑样条线"前面的加号，展开次物体级别，选择次物体级别的"顶点"。

⑤在顶视图中选择外圈的 4 个点，可以按住"Ctrl"键连选。在侧视图中垂直向下移动这 4 个点。单击"可编辑样条线"退出次物体级别，单击"修改器列表"右侧的菜单按钮，在修改器下拉菜单中选择"挤压"命令。

⑥在透视图中可以看到效果。

⑦现在给它增加一些厚度。选择模型物体，进入修改面板，调节"挤压"命令的参数。

⑧进入创建面板，单击"创建几何体"按钮，单击"球"命令，在顶视图小圆形的中间位置创建一个球体。

⑨选择这个球体，进入创建面板，修改半径值为 0.5，得到一个半圆球体。

选择移动工具，在侧视图中把鼠标放到 Y 轴的箭头上，垂直向下移动。

⑩选择半球体，右击，在弹出的快捷菜单中选择"转化为"—"转化为可编辑网格"命令。

⑪进入修改面板，单击"多边形"命令，选择半球体的底面，然后按"Delete"键，删除底面。

⑫选择这个半球体，单击工具栏的"镜像"按钮，在弹出的面板中调整参数。选择工具栏中的"缩放"按钮，把鼠标放到移动箭头的 Y 轴上，垂直向上拖拽。

⑬现在制作灯柱。进入创建面板，选择几何体，单击"克隆"按钮，在顶视图中圆的

中心位置创建一个圆柱体。

⑭进入修改面板，在修改器列表中选择"弯曲"命令，单击它前面的加号展开下拉菜单，选择"中心"命令。

⑮在前视图中调整弯曲的中心点的位置，按住Y轴的箭头，垂直向上移动至圆柱体的中间位置。

⑯给模型赋予材质。单击工具栏上的"材质"按钮，在弹出的材质面板中选择一个新的材质球。

⑰单击"施加材质"按钮，给模型施加材质。

⑱再次单击"材质编辑器"按钮，选择一个新的材质球，命名为"灯罩"。调整"漫反射"的颜色为白色。

⑲选择灯罩物体，单击材质面板中的"施加材质"按钮，将做好的材质赋予灯罩。

⑳选择圆柱体，右击，单击"转化为"—"转化为可编辑网格"命令，转换为网格物体。单击"多边形"级别，选择圆柱体的底面。

㉑选择工具栏的"缩放"按钮，将选择的面向外扩大，保持面处于选中状态，进入修改面板，单击"挤压"按钮，把鼠标箭头放到选择的底面上，向上拖动鼠标，挤压这个面。

㉒进入图形面板，单击"线"按钮，绘制曲线。

㉓再绘制一个椭圆。

㉔进入创建面板，单击"几何图形"按钮，在"类型"菜单中选择"复合物体"选项。选择椭圆形，单击"放样"按钮，在"创建方式"卷展栏下选择"移动"，再单击"拾取路径"，把鼠标放到刚画好的曲线上，单击。

㉕将其调整到位置，将灯柱的材质赋予它，同时修改其参数。

㉖选择工具栏中的"移动"按钮，按住鼠标左键拖动出一个虚线方框，选中路灯的所有物体，选择"群组"命令，将所有物体群组。

3. 制作凉亭

①在创建面板中选择几何体，单击"角锥体"按钮。在顶视图中拖动鼠标左键创建一个几何体，并且在右侧面板中调节参数设置。

②选择刚创建好的几何体，右击，选择"转化为"—"转化为可编辑网格"命令，将物体转化为可编辑网格模式。进入修改面板，把物体命名为"亭子顶"。

③在修改面板中单击"角锥体"选项。选择亭子顶物体的底面，选择时可按住"Ctrl"键进行连续选择。

④在"编辑几何体"卷展栏下选择"挤压"选项，把鼠标放到选择的面上，按住鼠标左键向下拖动。

⑤单击"倒角"按钮，在被选择的底面上拖动鼠标做出一个倒角，然后选择"移动"工具，沿着坐标轴的Y轴向上拖动底面，直到和外围的边平齐。

⑥再次单击"倒角"选项，向上拖动鼠标，做出倒角。亭子顶的模型就制作完成了。

⑦进入创建面板，在顶视图创建一个立方体。

⑧单击"盒子"按钮，在顶视图亭子顶的一角处创建一个主体。在右侧面板设置其参数。

⑨选择主体，按住"Shift"键，沿着 X 轴横向拖动鼠标，复制一个柱体，松开鼠标，在弹出的对话框中选中"复制"选项。

⑩按住"Shift"键，选择这两个柱体，再次按住"Shift"键，沿着 Y 轴向下移动这两个柱体，复制出同样的两个柱体到亭子顶的另外两个角。

⑪进入修改面板，单击"边"，选择亭子顶的四条边。把鼠标放到选中的边上，按住鼠标左键拖动，使它变成两条边。

⑫单击"挤压"按钮挤压，将鼠标放到选中的面上，向上拖动鼠标。

⑬选择面，按"Delete"键删除，选择中间的方块面，垂直向上提拉直到和四周的边齐平。

⑭单击"边缘"选项。按住"Ctrl"键的同时按下"P"键进行封口。

⑮选择面，单击"材质编辑器"按钮，选择一个新的材质球，命名为"瓦"，单击"漫反射"后面的方块按钮给它添加一个位图贴图，在打开的贴图浏览器中双击"位图"，在弹出的选择图像文件中选择准备好的瓦的贴图，单击"打开"按钮。

⑯单击按钮，把材质赋予选择的面。

⑰按照同样的方法，把这个材质球上的材质赋予其他三个面。

⑱现在给柱子赋予木头材质，选择一个主体，打开"材质编辑器"，选择一个新的材质球，取名为"木头"，单击"漫反射"自发光后面的方块按钮，在打开的材质贴图浏览器中双击"位图"按钮，在弹出的对话框中选择木头贴图，单击"打开"按钮，然后把这个材质赋予选择的柱体。

⑲现在给亭子加一些装饰。在创建面板中选择"几何体"按钮，在前视图创建一个面。（注意，面的参数调整是根据贴图尺寸来做的，先在 Photoshop 中量好贴图的尺寸，模型的尺寸要和贴图尺寸一致才能保证贴图贴上去后不变形）。

⑳打开"材质编辑器"，选择一个新的材质球，单击"漫反射"后面的方块按钮，在打开的贴图材质浏览器中双击"位图"贴图，找到制作好的图片，单击"打开"按钮。

㉑在创建面板中选择"图形"按钮，单击"样条线"按钮，选择前视图，单击整个视图右下角的"视图最大化"按钮，将前视图切换到最大视图，然后用样条线勾勒贴图黑色部分，在绘制过程中按住"Shift"键可以画出垂直线或水平线。

㉒选择其中一个线框，单击修改面板的"塌陷"按钮，再单击其他的线框，使所有绘制好的线框成为一个整体。将其选中，在修改面板中单击"挤压"按钮，给它一定的厚度。

选择工具栏的"缩放"按钮，把鼠标放到工具的中间位置，放大到和凉亭合适的比例。

㉓按住"Shift"键，同时拖动移动坐标轴 X 轴，将其复制，松开鼠标，在弹出的对话框中设置参数。

㉔将其全部选中，单击菜单栏的"群组"命令，命名为"Group l"，将它们组合成一体。

㉕选择"Group l"，按住"Shift"键，将其移动到对面。再次选择"Group l"，单击工具栏的"旋转"按钮，按住"Shift"键，旋转到90°并复制，移动到合适位置，再把刚复制好的模型复制一个到对面。

㉖打开"材质编辑器"，把名为"木头"的材质赋予刚制作好的物体。

㉗进入创建面板，选择几何体，创建一个立方体作为凳子，并赋予其木头材质，最后给地面赋予石头材质。

（四）对植物绿化的处理

在建筑漫游动画中，植物是不可缺少的，下面介绍如何制作树和草地。

1.树的制作

制作树最常用到的工具就是透明贴图，在制作之前要准备好两个贴图，一个是彩色的，另一个是黑白的，可以在 Photoshop 中处理（注意，在用这种方法时树的贴图一定要选取树干是直的，并且整体分布比较均匀的）。

在处理图像时要注意图像的裁切，图像周围不要留太多的边缘，否则效果会不理想。

①在 PS 中设置好图的尺寸。

②打开 3ds max，单击创建面板中的"几何图形"按钮，在前视图创建一个宽度为722.8mm，高度为 624.4mm 的面。

③打开"角度捕捉"，选择"旋转"工具，按下"Shift"键，旋转平面物体到90°，复制出另一个平面物体。

④选择这两个平面物体后，右击，选择"转换为"—"转换为可编辑网格"命令，将平面物体转换为可编辑的网格物体。

⑤连接两个平面物体。选择一个平面物体，打开修改面板，单击"结合"按钮，再单击另外一个平面物体，将两个物体连接成一个十字交叉型的网格物体。

⑥选择平面物体，单击工具栏中的"材质编辑器"按钮，打开材质编辑器，在材质编辑器中选择一个空白的材质球，勾选"双面"选项。将在Photoshop中处理好的贴图指定给"固有色或者漫反射"和"透明度"两个通道，将彩色图片指定给"固有色或者漫反射"，将黑白图片指定给"透明度"通道，单击"渲染"按钮，渲染场景。

2.草地的制作

制作草地和泥土，要用到混合材质。在制作前要做好准备工作，首先要准备一张草地和一张泥土的贴图，像素要高一些，这样做出来的质量会更好，然后在 Photoshop 中绘制一张黑白图做遮罩用。

①进入材质编辑面板，选择一个空白材质球，单击"标准"按钮，在弹出的"材质／贴图浏览器"对话框中双击"混合材质"。

②设置参数：环境色调整为 RGB（0，0，0）；过渡色调整为 RGB（122，80，

60）；高光度调整为 10；光泽度调整为 0。

③展开"贴图"展卷栏，打开材质浏览器，双击打开"位图"贴图，在弹出的"选择贴图"文件对话框中打开前面选好的泥土贴图。

④单击"向上箭头"按钮，返回到上一级，调整如下参数：环境色调整为 RGB（91，116，64）；过渡色调整为 RGB（91，116，64）；高光度调整为 20；光泽度调整为 10。

⑤展开"贴图"展卷栏，打开材质浏览器，双击打开"位图"贴图，在弹出的"选择贴图"文件对话框中打开前面选好的草地贴图。

⑥单击"向上箭头"按钮，返回到上一级，打开材质浏览器，双击打开"位图"贴图，在弹出的"选择贴图"文件对话框中打开在 Photoshop 中做好的黑白遮罩贴图。

⑦单击"施加材质"按钮，将做好的材质赋予模型，单击"渲染"按钮渲染场景。

四、创建灯光

灯光对于建筑漫游动画来说是十分重要的，直接影响效果的好坏，材质和贴图做好后，开始对场景的灯光进行布置，灯光的颜色与强度会影响材质的最终效果，材质的反射强度和反射范围也会影响灯光的最终效果，所以必须在物体被赋予适当的材质后进行灯光设置。

3ds max 的灯光有光度学灯光和基本灯光两大类，这里用到的是基本灯光，也是最常用的灯光，下面介绍一下基本灯光。

进入创建面板，单击"灯光"按钮，在灯光类型处选择"标准基本灯光"。

在这个漫游动画中，需要设置一个白天的环境，主光源是太阳光，可以使用一盏"目标聚光灯"作为太阳光。但是只有一个太阳光是不够的，因为在环境中，尤其是复杂的环境中还会有一些反射和折射，必须添加一些辅助光源来模仿这些光线的效果，这些辅助光源可以利用反光灯来制作。在调整灯光时，必须从各个角度观察场景，使整个场景都有一个自然的光照效果。

（一）灯光介绍

3ds max 的灯光分为光度学灯光和标准灯光，这里用的是标准灯光，也是最常用到的灯光，下面介绍标准灯光的类型和应用。

1. 目标聚光灯

创建方法：单击"目标聚光灯"按钮，在视图中按住鼠标左键轻轻拖动，创建一个目标聚光灯。它会产生一个锥形的光照区域，在照射区以外的部分不受灯光影响。目标聚光灯有投射点和目标点两个控制点可调，具有很好的方向性，结合投影的调节可以很好地模拟真实灯光。它有圆形和矩形两种投影区域，矩形适合制作电视投影图像和窗户投影图像等一些矩形的投影，圆形适合路灯、台灯等灯光照明。

2. 自由聚光灯

创建方法：单击"自由聚光灯"按钮，在视图中单击，创建一个目标聚光灯。自由聚光灯没有目标点，只有投射点，只能控制整个图标，无法对目标点和投射点分别调节，在调节上受到限制。目标聚光灯比较适合一些动画灯光，如晃动的手电筒、舞台投射灯等。

3. 目标平行光

它是由发射点产生的平行照射区域。它与目标聚光灯的区别是照射区域呈圆柱形或矩形，有投射点和目标点两个控制点可调。平行光主要用来模拟阳光照射，适合户外场景。

4. 自由平行光

它是由发射点产生的平行照射区域。和自由平行光不同的是它没有目标点，只有投射点，在视图中只能整体地移动或旋转。

5. 泛光灯

创建方法：单击"泛光灯"图标，在视图中单击鼠标创建一盏泛光灯。它的图标呈正八面体，没有投射点，向四周发散光线。泛光灯一般用来照亮场景，用作辅光源，易于建立和调节，没有明显照射不到的界限，不能建太多，否则效果会显得缺乏层次。它与聚光灯最大的差别在于照射范围，一盏泛光灯相当于 6 盏聚光灯产生的效果。泛光灯还常用来模拟灯泡、台灯等光源。

6. 天光

天光可以模拟出最为自然的日照效果。如果配合"光线追踪"渲染方式，天光会产生非常逼真、生动的效果。

（二）灯光参数

标准灯光的参数大部分都是相同或相似的，下面介绍一下它们的共同参数。

1. 常规参数

常规参数是控制灯光的开启和关闭、阴影方式的。如果目前不需要灯光的照射可以取消勾选，将灯光关闭。

2. 灯光类型列表

灯光类型列表用来改变当前灯光的类型。

①目标。勾选时，灯光为目标灯，投射点与目标点之间的距离显示在右侧的复选框中。对于自由灯，通过设置这个值来限定照射范围，或先取消该选项的勾选，然后通过右侧数值框来改变照射范围。

②阴影。勾选启用时，当前灯光会对物体产生投影。

③启用。勾选此选项可以使灯光照射的物体产生投影。

④使用全局设置。勾选该选项会把下面的阴影参数应用到场景中的全部投影灯上。

3. 阴影方式列表

阴影方式列表决定当前灯光使用哪种阴影方式进行渲染。阴影方式有 5 种：阴影贴图、光线跟踪阴影、高级光线跟踪阴影、区域阴影、阴影贴图。其中阴影贴图渲染的速度最快，但质量也是最不好的，光线跟踪阴影的渲染速度稍慢，但质量较好。

4. 阴影参数

（1）对象阴影

①颜色：用于调节当前灯光产生的阴影颜色，默认为黑色。这个选项可以设置动画效果，使投影产生颜色变化的动画效果。

②密度：调节阴影浓度。提高密度值会增加投影的黑暗程度，默认值为1，值越小浓度越小。

③贴图：为物体投射的阴影指定贴图。勾选其前面的方框可以为其投影指定贴图，贴图的颜色会与阴影颜色相混，打开贴图浏览器，选择一个贴图就可以为阴影指定一张贴图。

④灯光影响阴影颜色：勾选前面的方框，阴影的颜色显示为灯光颜色和阴影固有色（或阴影贴图颜色）的混合效果，默认为关闭。

（2）大气阴影

①启用：设置大气是否对阴影产生影响。

②透明度：调节阴影透明程度的百分比。

③颜色量：调节大气颜色与阴影颜色混合程度的百分比。

5. 聚光灯参数

当用户创建了一盏灯光后，无论是什么灯都会出现灯光参数栏，这些灯光的参数都是相同的，这里以聚光灯为例进行讲解。

①锥形光线：用于控制灯光的聚光区和衰减区。

②泛光化：打开此选项，聚光灯兼有泛光灯的功能，可以向四面八方透射光线，照亮整个场景，但仍保留聚光灯的特性，如投射阴影和图像的功能仍限制在衰减区以内。如果要照亮整个场景，又要产生阴影效果，可以打开这个选项，只设置一盏聚光灯就可以，这样可以减少渲染时间。

③显示圆锥体：控制灯光范围框的显示。

④聚光区：调节灯光内圈的照射范围。

⑤衰减区：调节灯光的外圈，就是从聚光区到衰减区的范围内，光线由强到弱进行衰减变化，此范围外的对象将不受任何光强的影响。衰减区大时，会产生柔和的过渡边界，衰减区小时，会产生生硬的光线边界。

⑥圆形 / 矩形：设置是产生圆形灯还是矩形灯，默认设置是圆形灯，它产生圆锥状灯柱，矩形灯产生矩形灯柱，常用于窗户投影和电影等的方形投影。

（三）给场景设置灯光

1. 导入楼房物体

首先把制作好的模型在场景中安置好，打开平面图，在图中放置好楼房模型、路缘石、路灯等制作好的物体。直接在制作好的路缘石的平面图上导入其他模型。

单击"导入"—"合并"命令。选择需要导入的模型，单击"打开"按钮。

调整好模型的位置。用同样的方法导入其他模型，调整好大小和位置。

把楼房模型全部导入到场景中，给地面赋予一个石砖贴图。现在是非常精简的一个场景，为了使机器的运转速度快些，可以把灯光设置好之后再导入其他物体。

2. 设置灯光

在场景中模仿白天的效果，首先设置一个主光源，也就是太阳光。太阳只能有一个，所以主光源只能设置一个，场景的整体明暗和投影方向都由这个主光源决定，还要设置一些辅助光源来模仿自然环境中的反射光和环境光。调整灯光时必须从各个角度观察场景，使整个场景看起来自然平衡。

（1）主光源设置

进入创建面板，单击"灯光"按钮，在灯光类型下拉菜单中单击"标准灯光"选项，单击"目标聚光灯"选项，在视图中创建一盏目标聚光灯。

注意：主光源不要设置得太亮，因为后面还要添加一些辅助光源。

（2）设置主要辅光源

进入创建面板，单击"灯光"按钮，在视图中创建上下两盏目标平行光类型灯。

（3）设置侧面辅光源

进入创建面板，单击"灯光"按钮，选择"泛光灯"，在场景中建立一盏泛光灯。渲染效果，得到一个比较自然的光效。从各个角度渲染，调整灯光设置，如位置、强弱、颜色等，有特别暗的地方可以适当增加灯光，还可以把不想照到的物体排除。阴影类型改为"光线追踪阴影"。

（4）灯光与材质的设置

基本灯光设置完成后，还要对整个场景的灯光和材质进行调整。灯光调整主要分为主光源和辅助光源，主光源负责整个场景的整体照明和投影方向、表现，能够清楚地表达光源的投射方向，辅助光源主要分别调整其他方向的光照，平衡主光源的光照效果，它也可以用来淡化由主光源产生的阴暗部分和补充主光源无法照射的暗区，保证整个场景的光照均匀。

五、贴图烘焙的方法

如果在场景中使用天光，效果是非常理想的，但在漫游动画中却不适用，因为天光的运算速度非常慢，并且一些游戏软件是不支持天光的。所以我们要想既能够应用天光，又能使机器运转速度加快，可以使用烘焙贴图。烘焙贴图是一种把光照信息渲染成贴图的方式，再把烘焙后的贴图贴回到场景中去的技术，这样就不需要再用天光，不需要中央处理器费时计算了，计算普通的贴图就可以，速度很快，也能达到想要的效果。

这种贴图烘焙技术对于静帧场景是没有太大意义的，主要用于游戏和建筑漫游动画。下面看一下具体的做法。

（一）在场景中设置天光

①在创建面板中单击"灯光"，选择灯光类型的默认选项。

②在"对象类型"卷展栏中单击"天光"选项。

③在视图中任意位置放入天光，在修改面板中设置参数。

（二）天光设置好后，制作烘焙贴图

①打开贴图烘焙的界面，设置将要存储的位置。

②选中场景中的所有物体，选择"完整贴图"的烘焙方式，即包含下面的所有方式，是完整的烘焙。

③选择"过渡色"选项。

④选择烘焙贴图的分辨率。

⑤单击"渲染"按钮，渲染出贴图。

⑥打开材质面板，选择空的材质球，用吸管点击场景中模型上的材质，把场景里的烘焙材质用吸管吸出来，设置烘焙材质的方式为"渲染"。

⑦单击"渲染"按钮，得到同用天光一样的渲染效果。

第二节　3ds max 场景动画

一、动画时间设置

（一）动画时间长度的设置

在制作建筑漫游动画时，对时间的掌控是十分重要的，在界面的最下方可以控制时间滑块，设置动画时间和关键帧。

在弹出的"时间配置"对话框中选择帧速率，中国地区一般都用 PAL 制式，日本、韩国及东南亚地区与欧美等国家使用 NTSC 制式，在制作时选用 PAL 制式，就是每秒25帧。

（二）动画时间长度的修改

①单击"重设时间"按钮，可以对时间轴的长度进行设置，如果设置帧的总长度为250，时间轴的总长度就显示为 250 帧，如果需要延长帧数，可以单击"重设时间"按钮，在弹出的对话框中进行设置。

②若要调节时间轴上帧的长短，可修改"当前时间"后面的数值。如时间轴上的帧数是 69 帧，如果使帧数延长，单击向上的三角，或者手动输入数值，还有一种方法是直接在时间轴上操作，单击向右拖住最后面的帧，使它延长。

③三角形按钮类似于播放器开关，单击可以播放做好的动画，下面的数值是当前帧的

显示状态，手动输入数值可以设置帧的位置，也可以快速找到某一帧的位置，只需要输入数值后按下回车键即可。

④同时按下"Alt+Ctrl"键，用鼠标左键拖动时间滑块，可以对"开始时间"进行动画调节。

⑤同时按下"Alt+Ctrl"键，用鼠标中键拖动时间滑块，可以对"时间范围"进行动画调节。

⑥同时按下"Alt+Ctrl"键，用鼠标右键拖动时间滑块，可以对"结束时间"进行动画调节。

二、动画的关键帧记录与调整

动画关键帧的记录分为自动记录和手动记录。

（一）动画的关键帧自动记录

自动记录的方法如下：

①选择需要记录动画的物体，然后确保时间滑块在需要动的地方，单击"自动记录"按钮，这时按钮呈红色，界面的边框也呈红色，此时是正在记录动画的状态。

②把时间滑块拖到需要停止的帧数上，给物体一个动作，这样就产生了记录动画的关键帧。

（二）动画的关键帧手动记录

在设置动画之前，要先单击"关键点过滤器"按钮，打开关键帧过滤对话框，设置当前允许记录关键帧的轨迹类型。手动记录和自动记录最大的不同就是手动记录需要手动设置关键帧，如果调完一个动作没有手动记录关键帧，那么这个动作就没有被记录上。

①单击"手动记录"按钮，打开设置关键帧动画模式。

②选择要创建关键帧的对象物体，右击，在弹出的对话框中选择"曲线编辑器"。

③单击"关键点过滤器"按钮，勾选设置关键帧的轨迹类型。

④选择视图中需要制作动画的对象。

⑤将时间滑块移动到需要的位置。

⑥对对象进行需要的动作调节。

⑦单击"设置关键点"按钮，在轨迹栏上创建一个关键帧。

⑧重复这一过程，移动时间滑块，设置关键帧。

⑨单击"手动记录"按钮，关闭手动记录设置，动画设置完成。

（三）动画的关键帧的调整

1.关键帧的删除

①选中需要删除的帧，直接按"删除"键。

②选中需要删除的帧，右击，在弹出的快捷菜单中选择"删除关键帧"，选择需要删除的部分。

③选择要创建关键帧的对象物体，右击，选择"曲线编辑器"，在曲线编辑器中删除。

2.关键帧的复制

选择需要编辑的关键帧，按住"Shift"键，按住鼠标左键拖拽，就会复制出一个帧。

3.关键帧动作的重新编辑

选择关键帧，并把时间滑块拖到这个帧的上面，打开"记录动画"开关，调整物体的动作，如果是手动的要点一下手动记录按钮。

三、怎样做路径动画

（一）摄像机沿路径运动

建筑漫游动画的设置主要是摄影机动画的设置，下面介绍如何做摄影机动画。

①在场景中建立一个"目标摄影机"，在建筑动画中，一般采用带目标点的摄影机。在创建面板上单击"摄影机"，选择"目标"按钮，在视图中创建摄影机。

②切换到透视图，单击空白处取消选择，在其他三个视图中调节摄影机的目标点和角度。这样可以通过调整摄影机的位置，在透视图中观察各个角度。

③选择摄影机，在修改面板中可以调节镜头焦距，根据需要进行选择，也可以手动调整摄影机的位置。

④在摄影机视图中显示安全框。

⑤在顶视图中画一条线，在其他视图中调整好位置，这条线是摄影机镜头围绕拍摄的路径，所以一定要设计好走向和距离。

⑥选择摄影机，单击菜单栏的"动画"选项，在下拉菜单中选择"约束"—"路径约束"命令，在视图中，鼠标会有一个虚线的连接线，单击刚画好的路径，摄影机就连接到了路径上。

⑦这时摄影机已经无法移动，摄影机已经和线条绑定到了一起，编辑样条线就可以在摄影机视图中观察镜头角度，要调整好摄影机的角度。

⑧此时在时间滑块处已经自动生成了两个关键帧，单击"播放"按钮或者拖动时间滑块就可以看到摄影机跟随路径的动画。

⑨如果摄影机运动得过快，可以调整时间设置，打开"时间设置"按钮，调整速度或结束时间，延长摄影机运动的时间就可以放慢速度。

（二）摄像机在路径中微调

当镜头运动或者路径的设置不太理想时，可以对路径或镜头进行微调。选择样条线，进入修改面板，选择"点"进行编辑调整，随着线的变化，摄影机角度也会随之改变。比如用鼠标拖动时间滑块在摄影机视图中观看动画，看到有需要调整的地方就停下，在观察方便的视图中调节线段上的点，如果线段上没有点，可以增加点，由线条带动摄影机的镜头运动。

四、渲染输出

单击工具栏上的"茶壶"按钮，进入渲染面板。

①时间输出。在这里设置输出的开始和结束时间，也就是需要输出的帧数。

②输出设置。在这里设置帧速率，国内一般选择 PAL 制，也就是每秒 25 帧，然后面设置输出视频的大小，因为选择了 PAL 制，一般都是 720×576。向下拖动面板，找到"渲染输出"，选择输出文件的路径。

（一）输出格式的类型

一切都设置好之后，单击"文件"按钮，弹出一个对话框，选择输出的文件夹，设置好输出的路径，给动画起一个名字，单击保存"类型"右侧的按钮，下拉菜单会出现许多保存格式，这里选择 AVI 格式，然后单击"保存"按钮，单击"渲染"按钮开始渲染。渲染结束后在输出的文件夹里可以找到渲染好的文件。

如果想要更清晰的效果，可以选择 TGA 格式，这种格式是高清无压缩的格式，以序列图片的形式输出，优点是非常清晰，缺点是占用空间很大。下面介绍一些比较常见的格式。

AVI 是最常用的视频格式，即音频视频交错格式，是将语音和影像同步组合在一起的文件格式。它对视频文件采用了一种有损压缩的方式，但压缩比较高，因此尽管画面质量不是太好，但其应用范围仍然非常广泛。AVI 信息主要应用在多媒体光盘上，用来保存电视、电影等各种影像信息。

BMP 是 Windows 操作系统中的标准图像文件格式，被多种 Windows 应用程序所支持。这种格式的特点是包含的图像信息较丰富，几乎不进行压缩，但占用磁盘空间过大。

JPEG 是最常用的一种图片存储格式，JPEG 图片以 24 位颜色存储单个光栅图像。JPEG 是与平台无关的格式，支持最高级别的压缩，这种压缩是有损耗的。渐近式 JPEG 文件支持交错。

PNG 是一种位图文件存储格式，PNG 用来存储灰度图像时，灰度图像的深度可多到 16 位，存储彩色图像时，彩色图像的深度可多到 48 位。

MOV 是苹果公司开发的一种音频、视频文件格式，用于存储常用数字媒体类型。它支持 25 位彩色，支持领先的集成压缩技术，能提供 150 多种视频效果。无论是在本地播放还是作为视频流格式在网上传播，都是一种较好的视频编码格式。

TGA 格式支持压缩，使用不失真的压缩算法，可以带通道图，另外还支持行程编码压缩。它是计算机上应用最广泛的图像格式，在兼顾了 BMP 图像质量的同时又兼顾了 JPEG 的体积优势，并且还有自身的特点：通道效果和方向性。因为兼具体积小和效果清晰的特点，它常作为影视动画的序列输出格式。

（二）常用格式

在这些格式中，最常用到的格式是 AVI 和 TGA 格式。AVI 格式虽然是一种有损视频压缩格式，但输出时间快。TGA 是一种无压缩的图片格式，因为是无压缩的，特别清晰，同时占用内存比较大，也比较耗时，一般在输出最后成片的时候可以选用 TGA 格式，输出的质量好。这种格式一般作为序列文件输出，因为带有通道，所以可以输出透明背景的序列文件，在其他后期编辑软件中比较容易编辑。

第三节　特效的加载

一、燃烧与烟雾

（一）相关参数设置

制作燃烧时需要用到虚拟物体中的大气装置，辅助物体本身是一个看不到的物体，创建后在视图中会有一个线框显示它的范围和大小，但是在渲染时却什么也看不到。烟雾制作用的是粒子系统，3ds max 的粒子系统非常强大，能够逼真地模拟自然界中的很多现象。

（二）效果制作

1. 燃烧效果

①打开 3ds max，在创建面板中单击"辅助物体"按钮，在下拉菜单中选择"大气装置"选项。选择"球体"选项，在视图中创建一个球体框。

②选择球体框，进入修改面板，勾选"半球"选项，并修改半径值。

③选择这个虚拟体，进入右侧的修改面板，设置该虚拟体的参数。打开"大气效果"卷展栏，单击"添加"按钮，在弹出的对话框中选择"火焰特效"选项，单击"OK"按钮，这样就把火焰效果添加进来了，可以渲染看一下效果。

注意：必须用渲染摄像机或透视窗口才能看见效果。

④在右侧修改面板的"大气效果"卷展栏下，选择"火焰特效"选项，再单击下面的"设置"按钮，进入环境和效果窗口，向下拖动面板，打开"火效果参数"卷展栏。依次单击三个颜色方块可以设置火焰的颜色，从左向右依次为：内焰、外焰、烟的颜色。"图形"栏中的"火焰类型"用来确定不同方向和形态的火焰，"特性"栏用于设定火焰尺寸和密度等相关参数。"动态"栏用于设定火焰动画的相关参数，"相位"表示火焰变化速度，"飘移"表示火苗升腾的快慢。

⑤下面开始设置火焰动画，打开"自动关键帧"设置按钮，移动时间滑块，在"动态"这一栏中设置动画，从第 0 ～ 100 帧设置不同的参数，这样就产生了动画。

2. 烟的效果

①单击创建面板的"几何体"按钮，在菜单中选择"粒子系统"选项，按住鼠标

左键拖拽，在顶视图中添加一个"超级喷射粒子系统"。

②现在为其设置参数，为了观察方便，把时间滑块拖到第 30 帧，并调整参数。

③现在给粒子赋予一个材质，单击工具栏上的"材质编辑器"按钮，选择一个新的材质球，单击"漫反射"按钮，设置颜色为橘黄色，使粒子处于选中状态，单击"施加材质"按钮，把材质赋予粒子。

④单击"透明度"后面的按钮，在弹出的贴图浏览器中双击鼠标，选择"渐变贴图"。

⑤进入渐变图层级，"渐变类型"设置为"中心方式"，然后选择需要添加"烟"材质的图层，给它们添加"烟"材质。

二、风的效果

（一）相关参数设置

风本身是看不到的，通过一些被风影响到的物体能够感到风的存在。3ds max 就是模仿这些被风吹动的物体来体现风的存在的。最常用到的就是动力学。动力学可以模仿一些自然运动的物体，如布料运动，物体的倒塌、碰撞等。

用动力学中的刚体和布料来模拟窗帘和窗帘杆的自然状态，刚体要绑定到窗帘杆上，以便不受重力的影响而坠落；布料要绑定在窗帘上，使窗帘呈现布料的柔软状态，被风吹动时能够自然飘起来，窗帘的一端要固定到窗帘杆上。

"风"用来模拟自然界中风的力量，通过设置风的方向和风力大小来控制窗帘的运动。

（二）效果制作

在建筑漫游动画中，为了使动画看起来更贴近自然，会做一些模仿自然界物体的动画。在 3ds max 中，可以用动力学来模仿风的效果，这里以窗帘飘动的动画为例进行讲解。

①在创建面板中单击"创建几何体"按钮，用"克隆"在视图中创建一个圆柱体。

②在创建面板中，单击"辅助物体"按钮，在下拉菜单中选择"辅助对象"按钮，单击"刚体集合"按钮，在前视图中单击创建一个刚体集合。

③保持刚体集合处于选中状态，进入修改面板，在"刚体集合"卷展栏中单击"拾取"按钮，在视图中单击圆柱体，把圆柱体添加到刚体集合中。

④选择窗帘物体平面，单击修改面板，给窗帘加入一个修改器，在"属性"栏中设置"质量"为 9.0，"硬度"为 0.9，"阻尼"为 1.0，勾选"避免自身相交叠"选项，使窗帘在碰撞时不会产生穿破自身的现象。

⑤进入创建面板，单击"布料集合体"按钮，在前视图单击创建一个"布料集合体"图标，在"布料集合体"图标处于选中状态下进入修改面板，单击"拾取"按钮，再选择场景中的窗帘，将其添加到布料集合体中。

⑥选择窗帘物体，使窗帘物体进入点编辑状态，选择最上面的一排点，单击"结合到刚体"选项，目的是使窗帘中被选中的一排点固定在被作为刚体的杆上，不受风力影响，

保持静止状态。

⑦在场景中选择圆柱体（窗帘杆）。

⑧进入创建面板，单击"辅助物体"按钮，在前视图创建一个"风力"图标，打开修改面板，在属性卷展栏中将风速值调整为250，变化值调整为8，使风速具有一定变化。

⑨选择窗帘物体，单击"工具"按钮，进入程序面板，在属性卷展栏中调节"质量"为4.0，打开预览窗口，按下"P"键，执行预览计算。

⑩预览效果满意后就可以输出动画了，也就是把程序里生成的动画输出到视图中，刻意渲染出来，单击"创建动画"按钮，输出动画，单击"播放"按钮，播放动画，在透视图中观看最终效果。

三、进行大气烘托渲染

（一）相关参数设置

这里依然会用到辅助物体中的虚拟体，虚拟体是为了约束大气的形状和大小。创建好虚拟体后，把体积雾施加到虚拟体中，如果不用虚拟体来约束雾的大小和形状，整个场景就会浸在雾中。用这种方法还可以制作云团的飘动。

（二）效果制作

为了使整体环境更具有真实感，更自然，需要给环境加入一些大气环境才能达到和大自然一样的效果。如果看着有些生硬，没有天空，我们可以给这个场景添加天空和一些大气效果。

①单击"渲染"菜单，选择"环境和效果"选项。打开"环境和效果"对话框，选择"环境"面板，打开贴图材质浏览器，选择"位图贴图"。

②现在给场景添加一些雾效。在创建面板上单击"辅助物体"按钮，在下拉菜单中选择"大气装置"选项，在"对象类型"卷展栏下选择"球形虚拟体"选项，在顶视图创建一个球形虚拟体。

③按住"Shift"键，使用移动工具拖动虚拟体，将其复制多个，移动这些虚拟体，使它们位于场景的不同位置，使用工具栏上的"缩放"按钮，分别调整球形虚拟体的大小及形态。

④单击"渲染"—"环境"命令，展开"大气"卷展栏，单击"添加"按钮，加入一个"体积雾"特效。

⑤打开"体积雾参数"卷展栏，单击"拾取虚拟体"按钮，在场景中依次拾取所有虚拟体，将"体积雾"指定给场景中所有的球形虚拟体。

⑥进行"体积雾参数"卷展栏中的参数设置。

⑦单击"自动关键帧"按钮，将时间滑块调整到最后一帧。将"体积雾参数"卷展栏下的"相位"调整为10，使体积雾产生流动的效果。将"风力强度"设置为40，并选择"风

来自"栏下的"右"选项，设置风从右边吹来。

⑧单击工具栏"渲染"按钮，渲染图像。

四、其他效果

（一）相关设置

"效果"中的镜头光可以模仿太阳、星光、路灯等一些点光源，它们的共同点是必须与泛光灯结合使用，场景中需要有一盏当作这些镜头光的光源。

（二）效果制作

①利用渲染中的"效果"制作镜头光晕和太阳，给这个场景加一个太阳。

②首先选择一盏泛光灯，然后在场景位置给场景加上灯光。

③选择泛光灯，在属性面板把阴影打开，单击"渲染"—"环境"命令，在弹出的对话框中选择"效果"选项，单击"添加"按钮，在弹出的对话框中选择"镜头特效"选项，单击"OK"按钮，把镜头特效添加到效果中。

④展开"镜头特效参数"卷展栏，选择"发光"并单击右侧三角按钮，把发光添加进来，单击"拾取灯光"按钮，在场景中单击刚才选择好的"泛光灯"。

第五章　虚拟现实系统的相关技术

虚拟现实系统的目标是由计算机生成虚拟世界，用户可以与之进行视觉、听觉、触觉、嗅觉、味觉等全方位的交互，并且虚拟现实系统能进行实时响应。要实现这种目标，除了需要有一些专业的硬件设备外，还必须有较多的相关技术及软件的支持，特别是在现阶段计算机的运行速度还达不到虚拟现实系统所需要求的情况下，相关技术就显得更加重要。我们知道，要生成一个三维场景，并且使场景图像能随视角的不同实时地显示变化，只有设备是远远不够的，还必须有相应的压缩算法等技术理论相支持。也就是说，虚拟现实系统除了需要功能强大的、特殊的硬件设备支持以外，对相关的软件和技术也有很高的要求。

第一节　立体显示技术

人类从客观世界获得的信息的 80% 以上来自视觉，视觉是人类感知外部世界、获取信息的最主要的传感通道，这也就使得视觉通道成为多感知的虚拟现实系统中最重要的环节。在视觉显示技术中，实现立体显示技术是较为复杂与关键的，因此立体视觉显示技术也就成为虚拟现实的一种极重要的支撑技术。

计算机自 20 世纪 40 年代发明以来，早期采用的是单色阴极射线管显示器，它表现的是一个黑白的二维世界，并且都以文本与字符为主要显示对象。在后来的 20 世纪 60 年代，受到计算机硬件水平的限制，计算机的成像技术一直没有多大的发展，虽然 20 世纪 70 年代中期，大规模集成电路的发展在一定程度上促进了计算机成像技术的发展，但一直没有质的变化。直到 20 世纪 80 年代，显示卡终于告别了单色时代，其分辨率、色彩数以及刷新频率都有了很大的提高。但最高级的图像显示系统的处理速度也只有每秒 20 ～ 30 帧。20 世纪 90 年代以后，随着硬件技术的高速发展，Windows 等图形化软件的应用，计算机的图形处理能力随之大幅度提高。

与此同时，图形生成技术也在迅速发展，几何造型从以多边形和边框图构成三维物体发展为实体造型、曲面造型和自由形态造型；图形显示从线型图、实心图发展为真实感图（伪立体图），在此过程中产生了各种图形生成算法，如光线跟踪算法、纹理技术、辐射度算法等。

真实感加以实时性，使数字化虚拟的立体显示成为可能。在虚拟现实技术中，实现立体显示是最基本的技术之一。早在虚拟现实技术研究的初期，计算机图形学的先驱伊凡·苏泽兰就在某系统中实现了三维立体显示，用人眼观察到了空中悬浮的框子，极为引人注意。现在流行的许多虚拟现实系统都支持立体眼镜或头盔式显示器。

根据前面的相关知识，我们知道由于人眼一左一右，有大约 6 ~ 8cm 的距离，因此左右眼各自处在不同的位置，所得的画面有一点细微的差异。正是这种视差，使人的大脑能将两眼得到的细微差别图像进行融合，从而在大脑中产生有空间感的立体物体。在一般的二维图片中保存了的三维信息，通过图像的灰度变化来反映，这种方法只能产生部分深度信息的恢复，而我们所指的立体图是通过让左右双眼接收不同的图像，从而真正地恢复三维的信息的，立体图的基本产生过程是使同一场景分别产生两个相应于左右双眼的不同图像，让它们之间具有一定的视差，从而保存深度的立体信息。在观察时借助立体眼镜等设备，使左右双眼只能看到与之相应的图像，视线相交于三维空间中的一点上，从而恢复出三维深度信息。

一、彩色眼镜法

要实现美国的科学家伊凡·苏泽兰提出的《终极显示》中所设想的真实感，首先就必须实现立体的显示，给人以高度的视觉沉浸感，现在已有多种方法与手段可以实现。采用戴红绿滤色片眼镜的方式看立体电影就是其中一种，这种方法称为彩色眼镜法。其原理是在进行电影拍摄时模拟人的双眼位置从左右两个视角拍摄出两个影像，然后分别以滤光片（通常以红、绿滤光片为多）重叠印到同一画面上，制成一条电影胶片。在放映时，观众需戴上一个镜片为红色另一个镜片为绿色的眼镜。利用红或绿色滤光片能吸收其他的光线，而只能让相同颜色的光线透过的特点，实现立体电影。

但是，由于滤光镜限制了色度，只能让观众欣赏到黑白效果的立体电影，而且观众两眼的色觉不平衡，很容易疲劳。

二、偏振光眼镜法

继彩色眼镜法后，又出现了偏振光眼镜法。光波是一种横波，当它通过媒质时或被一些媒质反射、折射及吸收后，会产生偏振现象，成为定向传播的偏振光，偏振片就是使光通过后成为偏振光的一种薄膜，它是将能够直线排列的晶体物质（如电气石晶体）均匀加入透明胶膜中，经过定向拉伸制成的。拉伸后胶膜中的晶体物质排列整齐，形成如同光檐一样的极细窄缝，使只有振动方向与窄缝方向相同的光通过，成为偏振光。当光通过第一个偏振片时就形成偏振光，只有当第二个偏振光片与第一个偏振光片窄缝平行时它才能通过，当第二个偏振光片与第一个偏振光片窄缝垂直时则不能通过。

这种方法是在立体电影放映时，采用两个电影机同时放映两个画面，并且在放映机镜头前分别装有两个互为 90° 的偏振光镜片，使画面投影在不会破坏偏振方向的金属幕上，成为重叠的双影，观看时观众戴上偏振轴互为 90°，并与放映画面的偏振光相对应的偏光眼镜，即可把双影分开，看到一个立体效果的图像。

偏振光眼镜法可让观众欣赏到质量更高的彩色立体电影，但观众只有进影院才能欣赏到。那么有没有新的方法也同样能显示彩色立体电影呢？ 1968 年伊凡·苏泽兰研制成功具有双目显示器的头盔显示器向世人展示了新的方法。

三、串行式立体显示法

要显示立体图像主要有两种方法：一种是同时显示技术，即在屏幕上同时显示分别对应左右眼的两幅图像；另一种是分时显示技术，即以一定的频率交替显示两幅图像。

同时显示技术就是上面所说的彩色眼镜法和偏振光眼镜法，如彩色眼镜法是将两幅图像用不同波长的光显示，用户的立体眼镜片分别配以不同波长的滤光片，使双眼只能看到相应的图像，这种技术在 20 世纪 50 年代曾广泛用于立体电影放映系统中，但是在现代计算机图形学和可视化领域中主要采用光栅显示器，其显示方式与显示内容是无关的，很难根据图像内容决定显示的波长，因此这种技术对计算机图形学的立体图绘制并不适合。

头盔显示器是一种同时显示的并行式头盔式显示装置，左右两眼分别输入不同的图像源，同时由于对图像源的要求较高，所以一般条件下制造的头盔显示器都相当笨重。比较理想的应用是对图像源的要求不像并行式那么高的串行式立体显示技术，但技术难度却比并行式大得多，制造成本较高。

目前应用较多的是分时的串行立体显示技术，它以一定频率交替显示两幅图像，用户通过以相同频率同步切换的有源或无源眼镜来进行观察，双眼只能看到相应的图像，真实感较强。

串行式立体显示设备主要分为机械式、光电式两种。最初的立体显示设备是机械式的，但通过机械设备来实现"开关效应"难度相当大，很不实用。随之光电式的串行式设备很快诞生了，它基于液晶的光电性质，用液晶设备作为显示"快门"，这种技术已成为立体显示设备的主流。

一般液晶光阀眼镜由两个控制快门（液晶片）、一个同步信号光电转换器组成。其中，光电转换器负责将阴极射线管依次显示的左、右画面的同步信号传递给液晶眼镜，当它被转换为电信号后用以控制液晶快门的开关，从而实现左右眼看到对应的图像，使人获得立体的感觉。

同时，液晶光阀眼镜的开关转换频率对图像立体效果的形成起着关键性的作用。转换频率太低时，由于人眼所维持的图像已消失，不能得到三维图像的感受；而转换频率太高时，会出现干扰现象，即一只眼睛可以看到两幅图像，原图像较为清晰，干扰图像较模糊。这是因为液晶光阀眼镜的开关机构切换光阀的动作太慢。当显示器的图像切换时，此同步信号被光电转换器送到开关机构，开关机构又来控制光阀，从图像切换到光阀切换之间有一个较大的时间延迟，因而当右图像已经被切换为左图像时，右光阀仍没有来得及完全关闭，这样就造成右眼也看到了左眼的图像，一般来说，转换频率控制在40～60帧为宜。

四、裸眼立体显示实现技术

近年来，三洋公司、夏普公司等生产出一种可以不用戴立体眼镜，而直接采用裸眼就可观看的立体液晶显示器，首次让人类摆脱了3D眼镜的束缚，也极大地激发了各大电子公司对3D液晶显示技术研发的热情，很多新的技术与产品不断出现。为了保证3D产品之间的兼容性，在2003年3月，由夏普公司、索尼公司、三洋公司等100多家公司组成了一个3D联盟，共同开发3D立体显示产品。

三维立体液晶显示技术巧妙结合了双眼的视觉差和图片三维的原理，自动生成两幅图片，一幅给左眼看，另一幅给右眼看，使人的双眼产生视觉差异。由于双眼观看液晶的角度不同，因此不用戴上立体眼镜就可以看到立体的图像。当然，这种液晶显示器也可工作在二维状态下。

美国某公司生产的2015XLS 3D液晶显示器，采用了一种被称为视差照明的开关液晶技术。其工作原理是针对左眼与右眼的两幅影像，以每秒60张的速度产生，分别被传送到不同区域的像素区块，奇数区块代表左眼影像，偶数区块则代表右眼影像。而在标准液晶背光板与液晶屏幕本体之间加入的一个扭曲向列面面板上，垂直区块则会根据需要显示哪一幅影像，相应照亮奇数或偶数的区块，人的左眼只能看到左眼影像，右眼只能看到右眼影像，从而在大脑中形成一个纵深的真实世界。

日本东京大学某研究室成功地进行了一次"长视距立体成像技术"基础试验，在B4大小的显示器上，立体显示的"A、T、R、E"字母，各字母看起来就好像分别位于显示器前1m处（字母A）、0m处（字母T）、后lm处（字母R）和后2m处（字母E）的位置。据介绍，这种立体显示技术是一种再现散射光的方法，即光线照射到物体后就会产生散射光。而人类则通过多视点确认散射光的物体位置，并产生立体感。为了能够顺利再现散射光，研究人员使用具有微型凸透镜的简单光学系统，再现物体发出的散射光。观察者即使在离显示器5m远的距离处，不戴专用的液晶立体眼镜，物体看起来也好像就在前面，触手可及。

飞利浦的3D液晶显示器，采用双凸透镜设计，使用户的左右眼可以选择性地看到9个视角的影像。由于透镜与画面有一定倾角，纵、横方向的分辨率各减小至1/3以下，在播放电影时，可根据从影像中提取的物体的重合情况及焦点信息，对各物体的景深进行判断。这样，便可实时形成具有9个视角的影像。同时，也可将现有三维游戏及电影等实时转换显示为立体影像。

当然，这些产品也存在着一定的缺点，典型的就是对观察者的视点有一定的要求，不能在任意视角去观察。

第二节　环境建模技术

在虚拟现实系统中，营造的虚拟环境是它的核心内容，要建立虚拟环境，首先要建模，然后在其基础上再进行实时绘制、立体显示，形成一个虚拟的世界。虚拟环境建模的目的在于获取实际三维环境的三维数据，并根据其应用的需要，利用获取的三维数据建立相应的虚拟环境模型。只有设计出反映研究对象的真实有效的模型，虚拟现实系统才有可信度。虚拟现实系统中的虚拟环境，可能有下列几种情况：

模仿真实世界中的环境。例如，建筑物、武器系统或战场环境。这种真实环境可能是已经存在的，也可能是已经设计好但还没有建成的。为了逼真地模仿真实世界中的环境，要求逼真地建立几何模型和物理模型。环境的动态应符合物理规律。这一类虚拟现实系统的功能实际是系统仿真。

人类主观构造的环境。例如，用于影视制作或电子游戏的三维动画。环境是虚构的，几何模型和物理模型就可以完全虚构。这时，系统的动画技术常用插值方法。

模仿真实世界中的人类不可见的环境。例如，分子的结构，空气中速度、温度、压力的分布等。这种真实环境是客观存在的，但是人类的视觉和听觉不能感觉到。对于分子结构这类微观环境，可以将其进行放大，使人们能清楚地看到。对于速度这类不可见的物理量，可以用流线表示（流线方向表示速度方向，流线密度表示速度大小）。这一类虚拟现实系统的功能，实际是科学可视化。

建模技术所涉及的内容极为广泛，在计算机仿真等相关技术中有很多较为成熟的技术与理论。但有些技术对虚拟现实系统来说可能是不适用的，其主要的原因就是在虚拟现实系统必须满足实时性的要求。

虚拟现实系统中的环境建模技术与其他图形建模技术相比，主要表现有以下 3 个方面的特点：

①虚拟环境中可以有很多物体，往往需要建造大量类型完全不同的物体模型；

②虚拟环境中有些物体有自己的行为，而一般的其他图形建模系统只构造静态的物体，或物体简单的运动；

③虚拟环境中的物体必须有良好的操纵性能，当用户与物体进行交互时，物体必须以某种适当的方式来做出相应的回应。

在虚拟现实系统中，环境建模应该包括基于视觉、听觉、触觉、味觉等多种感觉通道的建模。但基于目前的技术水平，常见的是三维视觉建模和三维听觉建模。而在当前的应用中，环境建模一般主要是三维视觉建模，这方面的理论也较为成熟。三维视觉建模又可细分为几何建模、物理建模、行为建模等。几何建模是基于几何信息来描述物体模型的建模方法，它处理物体的几何形状的表示，研究图形数据结构的基本问题；物理建模涉及物体的物理属性；行为建模反映研究对象的物理本质及其内在的工作机理。几何建模主要是计算机图形学的研究成果，而物理建模与行为建模是多学科协同研究的产物。

一、人工几何建模与自动几何建模

传统意义上的虚拟场景基本上都是基于几何的，就是用数学意义上的曲线、曲面等数学模型预先定义好虚拟场景的几何轮廓，再采取纹理映射、光照等数学模型加以渲染。在这种意义上，大多数虚拟现实系统主要是构造一个虚拟环境并从不同的路径方向进行漫游。要达到这个目标，首先是构造几何模型，其次是模拟虚拟照相机在 6 个自由度运动，并得到相应的输出画面。现有的几何造型技术可以将极复杂的环境构造出来，但存在的问题极为烦琐。而且在真实感程度、实时输出等方面有着难以跨越的鸿沟。

基于几何的建模技术主要研究的是对物体几何信息的表示与处理，它涉及几何信息数据结构及相关构造的表示与操纵数据结构的算法建模方法。

几何模型一般可分为面模型与体模型两类。面模型用面片来表现对象的表面，其基本几何元素多为三角形；体模型用体素来描述对象的结构，其基本几何元素多为四面体。面模型相对简单一些，而且建模与绘制技术也相对成熟，处理方便，但难以进行整体形式的体操作（如拉伸、压缩等），多用于刚体对象的几何建模。体模型拥有对象的内部信息，可以很好地表达模型在外力作用下的体特征（如变形、分裂等），但计算的时间与空间复杂度也会相应增加，一般用于软体对象的几何建模。

几何建模通常采用以下两种方法：

（一）人工的几何建模方法

①利用虚拟现实工具软件来建模，如 OpenGL、VRML 等。这类软件主要针对虚拟现实技术的特点来编写，编程容易，效率较高。

②直接从某些商品图形库中选购所需的几何图形，操作简便，也可节省大量的时间。

③自制的工具软件。尽管有大量的工具供选择使用，但建模速度缓慢、周期较长、用户接口不便、不灵活等方面的原因，使得建模成为一项比较繁重的工作。多数实验室和商业动画公司宁愿使用自制建模工具，或在某些情况下用自制建模工具与市场销售建模工具相结合的方法来解决问题。

（二）自动的几何建模方法

自动建模的方法有很多，最典型的是采用三维扫描仪对实际物体进行三维建模。它能快速方便地将真实世界的立体彩色物体信息转换为计算机能直接处理的数字信号，而不需进行复杂、费时的建模工作。

在虚拟现实应用中，有时可采用基于图片的建模技术。对建模对象实地拍摄两张以上的照片，根据透视学和摄影测量学原理，根据标志和定位对象上的关键控制点，建立三维网格模型。例如，可使用数码相机直接对建筑物等进行拍摄得到有关建筑物的照片后，采用图片建模软件进行建模，这些软件可根据所拍摄的一张或几张照片进行快速建模。与大型 3D 扫描仪相比，这类软件有很大的优势：使用简单，节省人力，成本低，速度快。但实际建模效果一般，常用于大场景中建筑物的建模。

二、运动学方法行为建模与动力学仿真方法行为建模

行为建模技术主要研究的是物体运动的处理和对其行为的描述，体现了虚拟环境中建模的特征。也就是说，行为建模就是在创建模型的同时，不仅赋予模型外形、质感等表现特征，同时也赋予模型物理属性和"与生俱来"的行为与反应能力，并且服从一定的客观规律。

虚拟环境中的行为动画与传统的计算机动画相比有很大的不同，这主要表现在两个方面：

一方面，在计算机动画中，动画制作人员可控制整个动画的场景，而在虚拟环境中，用户与虚拟环境可以以任何方式进行自由交互；另一方面，在计算机动画中，动画制作人员可完全规定动画中物体的运动过程，而在虚拟环境中，设计人员只能规定在某些特定条件下物体如何运动。

在虚拟环境行为建模中，其建模方法主要有基于数值插值的运动学方法与基于物理的动力学仿真方法。

（一）运动学方法

运动学方法是指通过几何变换（如物体的平移和旋转等）来描述运动。在运动控制中，无须知道物体的物理属性。在关键帧动画中，运动是显示指定几何变换来实施的，首先设置几个关键帧用来区分关键的动作，其他动作可根据各关键帧通过内插等方法来完成。

关键帧动画概念来自传统的卡通片制作。在动画制作中，动画师设计卡通片中的关键画面，即关键帧。然后，由助理动画师设计中间帧。在三维计算机动画中，计算机利用插值方法设计中间帧。由于运动学方法产生的运动是基于几何变换的，复杂场景的建模将显得比较困难。

（二）动力学仿真方法

动力学仿真运用物理定律而非几何变换来描述物体的行为，在该方法中，运动是通过物体的质量和惯性、力和力矩以及其他的物理作用计算出来的。这种方法的优点是对物体运动的描述更精确，运动更加自然。

与运动学方法相比，动力学仿真方法能生成更复杂、更逼真的运动，而且需要指定的参数较少，但是计算量很大，而且难以控制。动力学方法的一个重要问题是对运动的控制。若没有有效的控制，用户就必须提供力和力矩这样的控制指令，这几乎是不可能的。常见的控制方法有预处理法与约束方程法。

采用运动学方法与动力学仿真方法都可以模拟物体的运动行为，但各有其优越性和局限性。运动学方法可以做得很真实和高效，但应用面不广，而动力学仿真方法利用真实规律精确描述物体的行为，比较注重物体间的相互作用，较适合物体间交互较多的环境建模。它具有广泛的应用领域。

三、听觉的建模技术

（一）声音的空间分布

所谓声音的空间分布是指人们能正确判断在不同位置的声音源，当我们还看不到物体时，通过听到的声音就能知道这个声音源是来自前面，还是后面或是侧面。这就要求考虑被传送声音的复杂频谱。

声音定位，不仅与传给两耳的信号间的强度与时间相位差有关，还取决于进入耳朵的声音产生的频谱，即头部相关传递函数。在真实的反射环境中，它受到环境声结构和人体结构的影响。通常测量头部相关传递函数的方法是将一种探针式麦克风放在测试人员的耳道中，然后在某一位置播放已知的特定频率的声音信号，再根据麦克风所获得的信号计算得到头部相关传递函数。当然，到现在还没有一种更为科学的、精确的方法来测量它。

（二）房间声学建模

当人处于一个房间中时，建模要更复杂，在这时还必须考虑声音源的反射（回声）。

在回声空间中，一个声音源的声场建模须找到第一初始声音源和一组离散的第二声音源（回声）。第二声源可以由三个主要特性描述：距离（延迟）、相对第一声音源的频谱修改（空气吸收和传播衰减等）、入射方向（方位和高低）。

一般用两种方法找到第二声音源：镜面反射法和射线跟踪法。镜面反射法是类似我们在光学中镜面反射的一种方法。射线跟踪法只考虑第一声音源发出的若干数量的射线，然后再考虑这些射线碰到物体表面而产生的反射现象。射线跟踪法的优点是，即使只有很少的处理时间，但也能产生合理的结果。通过调节可用射线的数目，可以很容易改变声音的显示频率。

而镜面反射法由于采用的算法是递归的，很难通过改变比例来减少计算量，所以有时对真实性会产生影响。射线跟踪法在复杂的环境中容易得到更好的结果，因为处理时间与表面数目的关系是线性的，不是指数的。

第三节　真实感和实时绘制技术

要实现虚拟现实系统中的虚拟世界，仅有立体显示技术是远远不够的，虚拟现实中还有真实感与实时性的要求，也就是说虚拟世界的产生不仅需要真实的立体感，虚拟世界还必须实时生成，这就必须要采用真实感和实时绘制技术。

一、真实感绘制技术

所谓真实感绘制是指在计算机中重现真实世界场景的过程。真实感绘制的主要任务是模拟真实物体的物理属性，即物体的形状、光学性质、表面的纹理，以及物体间的相对位置、遮挡关系，等等。

所谓实时绘制是指当用户视点发生变化时，他所看到的场景需要及时更新，这就要保证图形显示更新的速度必须跟上视点的改变速度，否则就会产生迟滞现象。一般来说要消除迟滞现象，计算机每秒钟必须生成 10 ～ 20 帧图像，当场景很简单时，如仅有几百个多边形，要实现实时显示并不困难，但是为了得到逼真的显示效果，场景中往往有上万个多边形，有时多达几百万个多边形。此外，系统往往还要对场景进行光照明处理、反混淆处理及纹理处理，等等，这就对实时显示提出了更高的要求。

传统的真实感图形绘制的算法追求的是图形的高质量与真实感，对每帧画面的绘制速度并没有严格的限制。而在虚拟现实系统中的实时三维绘制要求图形实时生成，可用限时计算技术来实现，同时由于在虚拟环境中所涉及的场景常包含着数十万甚至上百万个多边形，虚拟现实系统对传统的绘制技术带来了严峻的挑战。

从目前的计算机图形学水平看，只要有足够的计算时间，就能生成准确得像照片一样的计算机图像。但虚拟现实系统要求的是实时生成图形，时间的限制，使我们不得不降低虚拟环境的几何复杂度和图像质量，或采用其他技术来提高虚拟环境的逼真程度。为了提高显示的逼真度，加强真实性，常采用下列方法。

（一）纹理映射

纹理映射是将纹理图像贴在简单物体的几何表面，以近似描述物体表面的纹理细节，加强真实性。贴图像实际上是个映射过程。映射过程应按表面深度，调节图像大小，得到正确透视。用户可在不同的位置和角度观察这些物体，在不同的视点和视线方向上，物体表面的绘制过程实际上是纹理图像在取景变换后的简单物体几何上重投影变形的过程。

纹理映射是一种简单有效地改善显示真实性的措施。它以有限的计算量，大大提高了显示的逼真度。实质上，它用二维的平面图像代替了三维模型的局部。

（二）环境映照

在纹理映射的基础上出现了环境映照的方法，它是采用纹理图像来表示物体表面的镜面反射和规则透射效果的。具体来说，一个点的环境映照可通过取这个点为视点，将周围场景的投影变形到一个中间面上来得到，中间面可取球面、立方体、圆柱体等。这样，当通过此点沿任何视线方向观察场景时，环境映照都可以提供场景的完全、准确的视图。

（三）反走样

绘制中的一个问题是走样，它会造成显示图形的失真。

由于计算机图形的像素特性，因此显示的图形是点的矩阵。若像素达到500k，则人眼不会感到不连续性。但有些图形会出现假象，特别是对于接近水平或垂直的高对比的边，它会显示成锯齿状。若在图形中显示小的特性或三角形的边，就会有问题。小的特性可能小于显示分辨率，造成显示近似性。上述情况称为走样。

反走样算法试图防止这些假象。一个简单的方法是以两倍分辨率绘制图形，再由像素值的平均值，计算正常分辨率的图形，另一个方法是计算每个邻接元素对一个像素点的影响，再将它们加权求和得到最终像素值。这可防止图形中的"突变"，从而保持"柔和"。走样是由图像的像素性质造成的失真现象。反走样方法的实质是提高像素的密度。

在图形绘制中，光照和表面属性是最难模拟的。为了模拟光照，已有各种各样的光照模型。从简单到复杂排列分别是简单光照模型、局部光照模型和整体光照模型。从绘制方法上看，有模拟光的实际传播过程的光线跟踪法，也有模拟能量交换的辐射度方法。除了在计算机中实现逼真物理模型外，真实感绘制技术的另一个研究重点是加速算法，力求能在最短时间内绘制出最真实的场景。

二、基于几何图形的实时绘制技术

实时三维图形绘制技术指利用计算机为用户提供一个能从任意视点及方向实时观察三维场景的手段，它要求当用户的视点改变时，图形显示速度也必须跟上视点的改变速度，否则就会产生迟滞现象。

由于三维立体图包含的信息较二维图形多，而且虚拟场景越复杂，其数据量就越大。因此，当生成虚拟环境的视图时，必须采用高性能的计算机，从而达到实时性的要求，一般来说，至少保证图形的刷新频率不低于15Hz/s，最好是高于30Hz/s。

有些性能不好的虚拟现实系统会由于视觉更新等待时间过长，造成视觉上的交叉错位，即当用户的头部转动时，由于计算机系统及设备的延迟，新视点场景不能得以及时更新，从而产生头已移动而场景没及时更新的情况；而当用户的头部已经停止转动后，系统却将刚才延迟的新场景显示出来，这不但会大大降低用户的沉浸感，严重时还会产生"运动病"，使人产生头晕、乏力等症状。

为了保证三维图形的刷新频率，除了在硬件方面采用高性能的计算机，以提高图形显示能力外，还可以通过降低场景的复杂度来实现，即降低图形系统需处理的多边形数目。目前，有下面几种用来降低场景的复杂度，以提高三维场景的动态显示速度的常用方法：预测计算、脱机计算、3D剪切、可见消隐、细节层次模型。其中细节层次模型应用较为普遍。

（一）预测计算

该方法根据各种运动的方向、速率和加速度等运动规律，如人手的移动，可在下一帧画面绘制之前推算出手的跟踪系统及其他设备的输入，从而减少由输入设备带有的延迟。

（二）脱机计算

由于虚拟现实系统是一个较为复杂的多任务的模拟系统，在实际应用中有必要尽可能对一些可预先计算好的数据进行预先计算并存储在系统中，如全局光照模型、动态模型的计算等。

（三）3D剪切

将一个复杂的场景划分成若干个子场景，各个子场景间几乎不可见或完全不可见。例如，把一个建筑物按楼层、房间划分成多个子部分。此时，当观察者处在某个房间时，他就只能看到房间内的物品及门口、窗户等还有与这个房间相邻的房间。这样，系统应针对可视空间进行剪切。虚拟环境在可视空间以外的部分被剪掉，这样就能有效地减少在某一时刻所需要显示的多边形数目，进而减少计算工作量，有效降低场景的复杂度。

剪切的目的是对不可见的物体和部分可见的物体上的不可见部分进行剪切，从而减少计算量。首先要剪切不可见的物体，其次是剪切部分可见的物体上的不可见部分。

剪切是去掉物体不可见部分，保留可见部分。具体有以下几种算法：

1. 直线裁剪算法

直线裁剪算法有 3 种情况：全部可见、全部不可见、部分可见。若部分可见，则线段再划分成子段，分段检查可见性，直到各个子段都不是部分可见（全部可见或全部不可见）。

2. 参数化裁剪算法

参数化裁剪算法使用线段的参数定义。由参数确定线是否与可视空间 6 个边界平面相交。

3. 背面消除法

背面消除法用于减少需要剪切的多边形的数目。多边形有正法线（有正面），视点到多边形有视线。由正法线和视线的交角确定多边形是否可见（正对视点的平面可见，背对视点的平面不可见）。

但是采用 3D 剪切方法对封闭的空间有效，而对开放的空间则是无效的。

（四）可见消隐

场景分块技术与用户所处的场景位置有关，而可见消隐技术则与用户的视点关系密切。使用这种方法，系统仅显示用户当前能"看见"的场景，当用户仅能看到整个场景中很小的一部分时，由于系统仅显示相应场景，所需显示的多边形的数目可大大减少。一般采用的措施是消除隐藏面算法（消隐算法），从显示图形中去掉隐藏的（被遮挡的）线和面。常见有以下几种方法：

1. 画家算法

画家算法把视场中的表面按深度排序，由远到近依次显示各表面，近的取代远的。就像画家创作油画，先画背景，后画中间景物，最后画近景。它不能显示互相穿透的表面，也不能实现反走样。对两个有重叠的物体，*A* 的一部分在 *B* 前，*B* 的另一部分在 *A* 前，就不能采用此算法。

2. 扫描线算法

扫描线算法从图像顶部到底部依次显示各扫描线,对每条扫描线,用深度数据检查相交的各物体。它可实现透明效果,显示互相穿透的物体,以及反走样,可由各个处理机并行处理。

3. 缓冲器算法

对一个像素,缓冲器中总是保存最近的表面。如果新的表面深度比缓冲器保存的表面的深度更接近视点,则新的就会代替保存的,否则不代替。它可以用任何次序显示各表面,但不支持透明效果,反走样也受限制。有些工作站甚至已把缓冲器算法硬件化。然而,当用户"看见"的场景较复杂时,此方法就不适用了。

(五)细节层次模型

所谓细节层次模型是首先对同一个场景或场景中的物体,使用具有不同细节的描述方法得到的一组模型。

如同时建立两个几何模型,当一个物体离视点比较远(即这个物体在视场中占有较小比例),或者这个物体比较小时,就要采用较简单的模型绘制,简单的模型具有较少的细节,含较少的多边形(或三角形),可以减少计算。反之,如果这个物体离视点比较近(即这个物体在视场中占有较大比例),或者物体比较大时就必须采用较精细(复杂)的模型来绘制。

复杂模型具有较多的细节,包含较多的多边形(或三角形)。为了显示细节,需要进行大量的计算。同样,如果场景中有运动的物体,也可以采用类似的方法,对运动速度快或处于运动中的物体,采用较简单的模型,而对于静止的物体采用较精细的模型。根据不同情况选用不同详细程度的模型,体现了显示质量和计算量的折中。例如,当我们在近处观看一座建筑物时,可以看到窗户,而在远处观看一座建筑物时,只能看到模糊的形象,不能看清窗户。这种简单的规律可以用于在保持真实性的条件下减少计算量。从理论上来说,多细节层次模型是一种全新的模型表示方法,改变了传统图形绘制中的"图像质量越精细越好"的观点,而是依据用户视点的主方向、视线在景物表面的停留时间、景物离视点的远近和景物在画面上投影区域的大小等因素来决定景物应选择的细节层次,以达到实时显示图形的目的。另外,对场景中每个图形对象的重要性进行分析,对最重要的图形对象进行较高质量的绘制,对不重要的图形对象则采用较低质量的绘制,可在保证图形实时显示的前提下,最大限度地提高视觉效果。多细节层次模型的缺点是所需储存量大,当使用该模型时,有时需要在不同的多细节层次模型之间进行切换,这样就需要多个多细节层次模型。同时,离散的多细节层次模型无法支持模型间的连续、平滑过渡,对场景模型的描述及其维护提出了较高的要求。

三、基于图像的实时绘制技术

基于几何图形的实时绘制技术其优点主要是观察点和观察方向可以随意改变，不受限制。但是，同时也存在一些问题，如三维建模费时费力、工程量大，对计算机硬件有较高的要求等。因此，近年来很多学者正在研究直接用图像来实现复杂环境的实时动态显示。

实时的真实感绘制已经成为当前真实感绘制的研究热点，而当前真实感图形实时绘制的一个热点问题就是基于图像的绘制。它完全摒弃传统的先建模、后确定光源的绘制方法，直接从一系列已知的图像中生成未知视角的图像，这种方法省去了建立场景的几何模型和光照模型的过程，也不用进行如光线跟踪等极费时的计算。该方法尤其适用于野外极其复杂场景的生成和漫游。

基于图像的绘制技术是基于一些预先生成的场景画面，对接近于视点或视线方向的画面进行变换、插值与变形，从而快速得到当前视点处的场景画面的技术。

与基于几何图形的实时绘制技术相比，基于图像的实时绘制技术的优势在于：

①计算量适中，对计算机的资源要求不高，因此，可以在普通工作站和个人计算机上实现复杂场景的实时显示，适合个人计算机上的虚拟现实应用。

②作为已知的源图像既可以是计算机生成的，又可以是用相机从真实环境中捕获的，甚至是两者混合生成的，因此可以反映更加丰富的明暗、颜色、纹理等信息。

③图形绘制技术与所绘制的场景复杂性无关，交互显示的开销仅与所要生成画面的分辨率有关，因此能用于表现非常复杂的场景。

目前，基于图像的实时绘制技术主要有以下两种。

（一）全景技术

全景技术是指在一个场景中选择一个观察点，用相机或摄像机每旋转一下角度拍摄一组照片，再采用各种工具软件拼接成一个全景图像，它所形成的数据较小，对计算机要求低，适用于桌面型虚拟现实系统中，建模速度快，但一般一个场景只有一个观察点，因此交互性较差。

（二）图像的插值及视图变换技术

在上面所介绍的全景技术中，只能在指定的观察点进行漫游。现在，研究人员研究了根据在不同观察点所拍摄的图像，交互地给出或自动得到相邻两个图像之间对应点，采用插值或视图变换的方法求出对应于其他点的图像，进而生成新的视图的方法，根据这个原理可实现多点漫游。

第四节 三维虚拟声音的实现技术

在虚拟现实系统中，听觉是仅次于视觉的第二传感通道，听觉通道给人的听觉系统提供声音显示，也是创建虚拟世界的一个重要组成部分。为了提供身临其境的逼真感觉，听觉通道应该满足一些要求，使人感觉置身于立体的声场之中，能识别声音的类型和强度，能判定声源的位置。同时，在虚拟现实系统中加入与视觉并行的三维虚拟声音，一方面可以在很大程度上增强用户在虚拟世界中的沉浸感和交互性，另一方面也可以减弱大脑对于视觉的依赖性，降低沉浸感对视觉信息的要求，使用户能从既有视觉感受又有听觉感受的环境中获得更多的信息。

一、三维虚拟声音的概念与作用

虚拟现实系统中的三维虚拟声音与人们熟悉的立体声音完全不同。我们日常听到的立体声录音虽然有左右声道之分，但就整体效果而言，我们能感觉到立体声音来自听者面前的某个平面；而虚拟现实系统中的三维虚拟声音，却能使听者感觉到声音是来自围绕听者双耳的一个球形中的任何地方，即声音可能出现在头的上方、后方或者前方。如战场模拟训练系统中，当用户听到了对手射击的枪声时，他就能像在现实世界中一样准确而且迅速地判断出对手的位置，如果对手在我们身后，听到的枪声就应是从后面发出的。因而把在虚拟场景中能使用户准确地判断出声源的精确位置、符合人们在真实境界中听觉方式的声音统称为三维虚拟声音。

声音在虚拟现实系统中的作用，主要有以下几点：

①声音是用户和虚拟环境的另一种交互方法，人们可以通过语音与虚拟世界进行双向交流，如语音识别与语音合成等。

②数据驱动的声音能传递对象的属性信息。

③增强空间信息，尤其是当空间超出了视域范围，借助于三维虚拟声音可以衬托视觉效果，增强人们虚拟体验的真实感，即使闭上眼睛，也知道声音来自哪里。特别是在一般头盔显示器的分辨率和图像质量都较差的情况下，声音对视觉质量的增强作用就更为重要了。原因是听觉和其他感觉一起作用时，能在显示中起到增效器的作用。

二、三维虚拟声音的特征

三维虚拟声音系统最核心的技术是三维虚拟声音定位技术，它的特征主要有如下几点：

（一）全向三维定位特性

全向三维定位特性是指在三维虚拟空间中把实际声音信号定位到特定虚拟专用源的能力。它能使用户准确地判断出声源的精确位置。如同在现实世界中，我们一般先听到声响，然后再用眼睛去看这个地方，三维声音系统不仅允许我们根据注视的方向，还允许我们根据所有可能的位置来监视和识别各信息源，可见三维声音系统能提供粗调的机制，用以引导较为细调的视觉能力的注意。在受干扰的可视显示中，用听觉引导肉眼对目标的搜索要优于无辅助手段的肉眼搜索，即使是对处于视野中心的物体也是如此，这就是声学信号的全向特性。

（二）三维实时跟踪特性

三维实时跟踪特性是指在三维虚拟空间中实时跟踪虚拟声源位置变化或景象变化的能力。当用户头部转动时，这个虚拟的声源的位置也应随之变化，使用户感到真实声源的位置并未发生变化。而当虚拟发声物体位置移动时，其声源位置也应有所改变。因为只有声音效果与实时变化的视觉相一致，才可能产生视觉和听觉的叠加与同步效应。如果三维虚拟声音系统不具备这样的实时变化能力，用户看到的景象与听到的声音会相互矛盾，听觉就会削弱视觉的沉浸感。

（三）沉浸感与交互性

三维虚拟声音的沉浸感就是指加入三维虚拟声音后，能使用户产生身临其境的感觉，这可以更进一步使人沉浸在虚拟环境之中，有助于增强临场效果。而三维声音的交互特性则是指随用户的运动而产生的临场反应和实时响应的能力。

三、语音识别技术

语音是人类最自然的交流方式，语音技术在虚拟现实技术中的关键技术是语音识别技术和语音合成技术，二者目前都还不成熟，和语音识别技术相比，语音合成技术相对要成熟一些。

语音识别技术是指将人说话的语音信号转换为可被计算机程序所识别的文字信息，从而识别说话人的语音指令以及文字内容的技术。语音识别一般包括参数提取、参考模式建立、模式识别等过程。当你通过一个话筒将声音输入到系统中，系统把它转换成数据文件后，语音识别软件便开始以你输入的声音样本与事先储存好的声音样本进行对比工作。声音对比工作完成之后，系统就会输入一个它认为最"像"的声音样本序号，由此可以知道你刚才念的声音是什么意义，进而执行此命令。说起来简单，但要真正建立识别率高的语音识别系统是非常困难而专业的，目前世界各地的研究人员还在努力研究最好的方式。例如，如何建立"声音样本"，如果要识别 10 个字，那就是先把这 10 个字的声音输入到系统中，存成 10 个参考的样本，在识别时，只要把本次所念的声音（测试样本）与事先存好的 10 个参考样本进行对比，找出与测试样本最像的样本，即可把测试样本识别出来；但在实际应用中，每个使用者的语音长度、音调、频率都不一样；甚至同一个人，在不同的时间、状态下，尽管每次都念相同的声音，波形却不尽相同，何况在语言词库中有大量的中文文字（或外文单词），还有如果在一个有杂音的环境中，情况就更糟。因此，有学者已研究出许多解决这个问题的方法，如傅立叶变换等，使目前的语音识别系统已达到一个可接受的程度，并且识别度愈来愈高。

四、语音合成技术

语音合成技术是指用人工的方法生成语音的技术，当计算机合成语音时，如何能做到听话人能理解其意图并感知其情感，一般对"语音"的要求是清晰、可听懂、自然、具有表现力。

一般来讲，实现语音输出有两种方法：一是录音放；二是文—语转换。第一种方法，首先要把模拟语音信号转换成数字序列，编码后暂存于存储设备中（录音），需要时再经解码，重建声音信号（重放）。录音播放可获得高音质声音，并能保留特定人的音色。但所需的存储容量随发音时间呈线性增长。

第二种方法是基于声音合成技术的一种声音产生技术。它可用于语音合成和音乐合成。它是语音合成技术的延伸，能把计算机内的文本转换成连续自然的语声流。若采用此方法输出语音，应预先建立语音参数数据库、发音规则库等。需要输出语音时，系统按需求先合成语音单元，再按语音学规则或语言学规则连接成自然的语流。文—语转换的参数库不随发音的时间增长而容量加大，但规则库却随语音质量的要求而增大。

在虚拟现实系统中，采用语音合成技术可提高沉浸效果，当试验者戴上一个低分辨率的头盔显示器后，主要是从显示中获取图像信息，而几乎不能从显示中获取文字信息。这时，通过语音合成技术用声音读出必要的命令及文字信息，就可以弥补视觉信息的不足。如果将语音合成与语音识别技术结合起来，就可以使试验者与计算机所创建的虚拟环境进行简单的语音交流。当试验者的双手正忙于执行其他任务时，这个语音交流的功能就显得极为重要了。因此，这种技术在虚拟现实环境中具有突出的应用价值，相信在不远的将来，语音识别技术和语音合成技术将更加成熟，人机将真正实现自然交互和无障碍的沟通。

第五节　自然交互与传感技术

从计算机诞生至今，计算机的发展是极为迅速的，而人与计算机之间交互技术的发展是较为缓慢的，人机交互界面经历了以下几个发展阶段。

20世纪40年代到20世纪70年代，人机交互采用的是命令行界面，这是第一代人机交互界面，人机交互使用了文本编辑的方法，可以把各种输入输出信息显示在屏幕上，并通过问答式对话、文本菜单或命令语言等方式进行人机交互。但在这种界面中，用户只能使用手敲击键盘这一种交互通道，通过键盘输入信息，输出也只能是简单的字符。因此，这一时期的人机交互界面的自然性和效率都很差。人们使用计算机，必须先经过很长时间的培训与学习。

20 世纪 80 年代初，出现了图形用户界面，它的广泛流行将人机交互推向图形用户界面的新阶段。人们不再需要死记硬背大量的命令，可以通过窗口、图标、菜单、指点装置直接对屏幕上的对象进行操作，即形成了第二代人机交互界面。与命令行界面相比，图形用户界面采用视图、点（鼠标），使得人机交互的自然性和效率都有较大的提高，从而极大地方便了非专业用户的使用。

20 世纪 90 年代初，多媒体界面成为流行的交互方式，它在界面信息的表现方式上进行了改进，使用了多种媒体。同时，界面输出也开始转为动态、二维图形及其他多媒体信息的方式，从而有效地拓宽了用户与计算机沟通的渠道。

图形交互技术的飞速发展充分说明了，对于应用来说，使处理的数据易于操作并直观是十分重要的问题。人们的生活空间是三维的，一方面，虽然图形用户界面已提供了一些仿三维的按钮等界面元素，但界面仍难以进行三维操作。另一方面，人们习惯于日常生活中的人与人、人与环境之间的交互方式，其特点是形象、直观、自然，人通过多种感官来接收信息，如可见、可听、可说、可摸、可拿等，而且这种交互方式是人类所共有的，对于时间和地点的变化是相对不变的。但无论是命令行界面，还是图形用户界面，都不具有以上所述的进行自然、直接、三维操作的交互能力。因为在实质上它们都属于一种静态的、单通道的人机界面，而用户只能使用精确的、二维的信息在一维和二维空间中完成人机交互。

因此，更加自然和谐的交互方式逐渐为人们所重视，并成为今后人机交互界面的发展趋势。为适应目前和未来的计算机系统要求，人机交互界面应能支持三维、非精确及隐含的人机交互，而虚拟现实技术正是实现这一目的的重要途径，它为建立起方便、自然、直观的人机交互方式创造了极好的条件。从不同的应用背景看，虚拟现实技术是把抽象、复杂的计算机数据空间表示为直观的、用户熟悉的事物，它的技术实质在于提供了一种高级的人与计算机交互的接口，使用户能与计算机产生的数据空间进行直观的、感性的、自然的交互。它是多媒体技术发展的高级应用。

虚拟现实技术强调自然交互性，即人处在虚拟世界中，与虚拟世界进行交互，甚至意识不到计算机的存在，即在计算机系统提供的虚拟空间中，人可以使用眼睛、耳朵等各种感觉方式直接与之发生交互。目前，与虚拟现实技术中的其他技术相比，这种自然交互技术相对不太成熟。

作为新一代的人机交互系统，虚拟现实技术与传统交互技术的区别可以从下列几方面说明：

自然交互，人们研究虚拟现实的目标是实现"计算机应该适应人，而不是人适应计算机"，认为人机接口的改进应该基于相对不变的人类特性。在虚拟现实技术中，人机交互可以不再借助键盘、鼠标、菜单，而是使用头盔、手套甚至向"无障碍"的方向发展。

多通道，多通道界面是在充分利用一个以上的感觉和运动通道的互补特性来捕捉用户的意向，从而增进人机交互中的可靠性与自然性的。现在，人们在进行计算机操作时，眼和手十分累，效率也不高。虚拟现实技术可以将耳、嘴和手、眼等协同工作，实现高效的人机通信，还可以由人或机器选择最佳反应通道，从而不会使某一通道负担过重。

高"带宽"，现在计算机输出的内容已经可以快速、连续地显示或彩色图像，其信息量非常大。而人们的输入却还是使用键盘一个又一个地敲击，虚拟现实技术则可以利用语音、图像及姿势等的输入进行快速大批量地信息输入。

非精确交互技术，这是指能用一种技术来完全说明用户交互目的的交互方式，键盘和鼠标均需要用户的精确输入。但是，人们的动作或思想往往并不是很精确，而计算机应该理解人的要求，甚至于纠正人的错误，因此虚拟现实系统中智能化的界面将是一个重要的发展方向。通过交互作用表示事物的现实性的传统计算机应用方式中，人机交互的媒介是表示真实事物的符号，是对现实的抽象替代，而虚拟现实技术则可以使这种媒介成为真实事物的复现、模拟。它能使用户感到并非是在使用计算机，而是在直接与应用对象打交道。

在最近几年的研究中，为了提高人在虚拟环境中的自然交互程度，研究人员一方面不断改进现有自然交互硬件，同时也加强了对相关软件的研究，另一方面积极地将其他相关领域的技术成果引入虚拟现实系统，从而扩展全新的人机交互方式。在虚拟现实领域中较为常用的交互技术主要有手势识别、面部表情识别以及眼动跟踪等。

一、手势识别

人与人之间的交互形式有很多，如动作、语言等。在语言方面，除了采用自然语言（口语、书面语言）外，人体语言（表情、体势、手势）也是人类交互的基本方式之一。与人类交互相比，人机交互就呆板得多，因而研究人体语言理解，即人体语言的感知及人体语言与自然语言的信息融合对于提高虚拟现实技术的交互性有重要的意义。手势是一种较为简单、方便的交互方式，也是人体语言的一个非常重要的组成部分，它是包含信息量最多的一种人体语言，它与语言及书面语等自然语言的表达能力相同，因而在人机交互方面，手势完全可以作为一种手段。

手势识别系统的输入设备主要分为基于数据手套的手势识别系统和基于视觉（图像）的手势识别系统两种。基于数据手套的手势识别系统，就是利用数据手套和位置跟踪器来捕捉手势在空间运动的轨迹和时序信息，对较为复杂的手的动作进行检测，包括手的位置、方向和手指弯曲度等，并可根据这些信息对手势进行分析，因而较为实用。这种方法的优点是系统的识别率高，缺点是做手势的人要穿戴复杂的数据手套和位置跟踪器，相对限制了人手的自由运动，并且数据手套、位置跟踪器等输入设备价格比较昂贵。基于视觉的手势识别是从视觉通道获得信号，有的要求戴上特殊颜色的手套，有的要求戴多种颜色的手套来确定人手各部位，通常采用摄像机采集手势信息，由摄像机连续拍摄下手部的运动图像后，先采用轮廓的办法识别出手上的每一个手指，进而再用边界特征识别的方法区分出一个较小的、集中的各种手势。该方法的优点是输入设备比较便宜，使用时不干扰用户，但识别率比较低，实时性较差，特别是很难用于大词汇量的手势识别。

手势识别技术主要有模板匹配技术、人工神经网络技术和统计分析技术。模板匹配技术是将传感器输入的数据与预定义的手势模板进行匹配，通过测量两者的相似度来识别出手势；人工神经网络技术是具有自组织和自学习能力，能有效地抗噪声的一种比较优良的模式识别技术；统计分析技术是通过统计样本特征向量来确定分类器的一种基于概率的分类方法。

手势识别技术的研究不仅能使虚拟现实系统交互更自然，还有助于改善和提高聋哑人的学习生活和工作条件，同时手势识别技术也可以应用于计算机辅助哑语教学、电视节目双语播放、虚拟人的研究、电影制作中的特技处理、动画的制作、医疗研究、游戏娱乐等诸多方面。

二、面部表情识别

在人与人的交互中，人脸是十分重要的，人可以通过脸部的表情表达自己的各种情绪，传递必要的信息。人脸识别是一个非常热门的研究技术，具有广泛的应用前景。人脸图像的分割、主要特征（如眼睛、鼻子等）定位以及识别是这个技术的主要难点。国内外都有很多研究人员在从事这一方面的研究，提出了很多好的方法，如采用模板匹配的方法实现正面人脸的识别，采用尺度空间技术研究人脸的外形、获取人脸的特征点，采用神经网络的方法进行识别，采用对运动模型参数估计的方法来进行人脸图像的分割。但大多数方法都存在一些共同的问题，如要求人脸变化不能太大、特征点定位计算量大等。

在虚拟现实系统中，人的面部表情的交互在目前来说还是一种不太成熟的技术。一般人脸检测问题可以描述为给定一幅静止图像或一段动态图像序列，从未知的图像背景中分割、提取并确认可能存在的人脸，如果检测到人脸，则提取人脸特征。虽然人类可以很轻松地从非常复杂的背景中检测出人脸，但对于计算机来说却相当困难。在某些可以控制拍摄条件的场合，将人脸限定在标尺内，此时人脸的检测与定位相对比较容易。在另一些情况下，人脸在图像中的位置预先是未知的，比如在复杂背景下拍摄的照片，这时人脸的检测与定位将受以下因素的影响：①人脸在图像中的位置、角度和不固定尺度以及光照的影响；②发型、眼镜、胡须以及人脸的表情变化等；③图像中的噪音。所有这些因素都给正确的人脸检测与定位带来了困难。

人脸检测的基本思想是建立人脸模型，比较所有可能的待检测区域与人脸模型的匹配程度，从而得到可能存在人脸的区域。根据对人脸知识的利用方式，可以将人脸检测方法分为两大类：基于特征的人脸检测方法和基于图像的人脸检测方法。第一类方法直接利用人脸信息，比如人脸肤色、人脸的几何结构等。这类方法大多利用模式识别的经典理论，应用较多。第二类方法并不直接利用人脸信息，而是将人脸检测问题看作一般的模式识别问题，待检测图像被直接作为系统输入，中间不需特征提取和分析，而是直接利用训练算法将学习样本分为人脸类和非人脸类，检测人脸时只要比较这两类与可能的人脸区域，即可判断检测区域是否为人脸区域。

（一）基于特征的人脸检测方法

1.轮廓规则

人脸的轮廓可近似地看成一个椭圆，则人脸检测可以通过检测人脸来完成。通常把人脸抽象为三段轮廓线：头顶轮廓线、左侧脸轮、右侧脸轮。对任意一幅图像，首先进行边缘检测，并对细化后的边缘提取曲线特征，然后计算各曲线组合成人脸的评估函数检测人脸。

2.器官分布规则

虽然人脸因人而异，但都遵循一些普遍适用的规则，即五官分布的几何规则。检测图像中是否有人脸即检测图像中是否存在满足这些规则的图像块。这种方法一般首先对人脸的器官或器官的组合建立模板，如双眼模板、双眼与下巴模板；然后检测图像中几个器官可能分布的位置，对这些位置点分别组合，用器官分布的集合关系准则进行筛选，从而找到可能存在的人脸。

3.肤色、纹理规则

人脸的肤色聚类在颜色空间中一个较小的区域，因此可以利用肤色模型有效地检测出图像中的人脸。与其他检测方法相比，利用颜色知识检测出的人脸区域可能不够准确，但如果在整个系统中作为人脸检测的粗定位环节，它具有直观、实现简单、快速等特点，可以为后面进一步进行精确定位创造良好的条件，以达到最优的系统性能。

4.对称性规则

人脸具有一定的轴对称性，各器官也具有一定的对称性。有学者提出连续对称性检测方法，即检测一个圆形区域的对称性，从而确定是否为人脸。

5.运动规则

若输入图像为动态图像序列，则可以利用人脸或人脸的器官相对于背景的运动来检测人脸，比如利用眨眼或说话的方法实现人脸与背景的分离。在运动目标的检测中，帧相减是最简单的检测运动员脸的方法。

（二）基于图像的人脸检测方法

1.神经网络方法

这种方法将人脸检测看作区分人脸样本与非人脸样本的两类模式分类问题，通过对人脸样本集和非人脸样本集进行学习以产生分类器。人工神经网络避免了复杂的特征提取工作，它能根据样本自我学习，具有一定的自适应性。

2.特征脸方法

特征脸方法，即在人脸检测中利用待检测区域到特征脸空间的距离大小判断是否为人脸，距离越小，表明越像人脸。特征脸方法的优点在于简单易行，但由于没有利用反例样本信息，对与人脸类似的物体的辨别能力不足。

3. 模板匹配方法

这种方法大多是直接计算待检测区域与标准人脸模板的匹配程度的。一种方法是将人脸视为一个椭圆，通过检测椭圆来检测人脸。另一种方法是将人脸用一组独立的器官模板表示，如眼睛模板、嘴巴模板、鼻子模板以及眉毛模板、下巴模板等，通过检测这些器官模板检测人脸。总的说来，基于模板的方法较好，但计算代价比较大。

三、眼动跟踪

在虚拟世界中视觉的感知主要依赖于对人头部的跟踪，即当用户的头部发生运动时，虚拟环境中的场景将会随之改变，从而实现实时的视觉显示。但在现实世界中，人们可能经常在不转动头部的情况下，仅仅通过移动视线来观察一定范围内的环境或物体。在这一点上，单纯依靠头部跟踪是不全面的。为了模拟人眼的这个功能，研究者在虚拟现实系统中引入了眼动跟踪技术。

眼动跟踪的基本工作原理是利用图像处理技术，使用能锁定眼睛的特殊摄像机，通过摄入从人的眼角膜和瞳孔反射的红外线连续地记录视线变化，从而达到记录、分析视线追踪过程的目的。

现在常见的视觉追踪方法有眼电图、虹膜—巩膜边缘、角膜反射、瞳孔—角膜反射、接触镜等几种。

视线跟踪技术可以弥补头部跟踪技术的不足，同时又可以简化传统交互过程中的步骤，使交互更为直接，因而目前多被用于军事（如飞行员观察记录）、阅读以及帮助残疾人进行交互等领域。

虚拟现实技术的发展，其目标是要使人机交互的方式从精确的、二维的交互变成精确的、三维的自然交互。因此，尽管手势识别、眼动跟踪、面部识别等这些自然交互技术在现阶段还很不完善，但随着现在人工智能等技术的发展，基于自然交互的技术将会在虚拟现实系统中有较广泛的应用。

四、触觉通道传感技术

触觉通道给人体表面提供触觉和力觉。当人体在虚拟空间中运动时，如果接触到虚拟物体，虚拟显示系统应该给人提供这种触觉和力觉。

触觉通道涉及操作以及感觉，包括触觉反馈和力觉反馈。触觉（力觉）反馈是运用先进的技术手段将虚拟物体的空间运动转变成特殊设备的机械运动，使用户在感觉到物体的表面纹理的同时也使用户能够体验到真实的力度感和方向感，从而提供一个崭新的人机交互界面。也就是运用"作用力与反作用力"的原理来欺骗用户的触觉，达到传递力度和方向信息的目的。在虚拟现实系统中，用户希望在看到一个物体时，能听到它发出的声音，并且还希望能够通过自己的亲自触摸来了解物体的质地、温度、重量等多种信息，这样才能全面地了解该物体，并有利于虚拟任务的执行。如果没有触觉（力觉）反馈，用户将无法感受到被操作物体的反馈力，得不到真实的操作感，甚至可能出现在现实世界中非法的操作。

触觉感知包括触摸反馈和力量反馈所产生的感知信息。触摸感知是指人与物体对象接触所得到的全部感觉，包括触摸感、压感、振动感、刺痛感等。触摸反馈一般指作用在人皮上的力，它反映了人触摸物体的感觉，侧重于人的微观感觉，如对物体的表面粗糙度、质地、纹理、形状等的感觉；而力量反馈是作用在人的肌肉、关节和筋腱上的力量，侧重于人的宏观、整体感受，尤其是人的手指、手腕和手臂对物体运动和力的感受。当用手拿起一个物体时，通过触摸反馈可以感觉到物体的粗糙或坚硬等属性，而通过力量反馈，可以感觉到物体的重量。

由于人的触觉相当敏感，一般精度的装置根本无法满足要求，所以触觉与力反馈的研究相当困难。以前大多数虚拟现实系统主要集中并停留在力反馈和运动感知上面，其中很多力觉系统被做成骨架的形式，从而既能检测方位，又能产生移动阻力和有效的抵抗阻力。而对于真正的触觉绘制，现阶段的研究成果还很不成熟，而对于接触感，目前的系统已能够给身体提供很好的提示，但却不够真实；对于温度感，虽然可以利用一些微型电热泵在局部区域产生冷热感，但这类系统还很昂贵；而对于其他一些感觉，诸如味觉、嗅觉和体感等，人们至今仍然对它知之甚少，有关此类产品相对较少。

虽然目前已研制出了一些触摸／力量反馈产品，但它们大多还是实验性的，距离真正的实用尚有一定的距离。

第六节　实时碰撞检测技术

为了保证虚拟环境的真实性，用户不仅要能从视觉上如实看到虚拟环境中的虚拟物体以及它们的表现，还要能身临其境地与它们进行各种交互，这就首先要求虚拟环境中的固体物体是不可穿透的，当用户接触到物体并进行拉、推、抓取时，能感受到真实碰撞的发生，并且虚拟物体能做出相应的反应。这就需要虚拟现实系统能够及时检测出这些碰撞，产生相应的碰撞反应，并及时更新场景输出，否则就会出现穿透现象。正是有了碰撞检测，才可以避免诸如人穿墙而过等不真实情况的发生，虚拟的世界才有真实感。

近年来，随着虚拟现实等技术的发展，碰撞检测已成为一个研究的热点。精确的碰撞检测对提高虚拟环境的真实性、增加虚拟环境的沉浸性有十分重要的作用，而虚拟现实系统中高度的复杂性与实时性又对碰撞检测提出了更高的要求。

在虚拟世界中通常含有很多静止的环境对象与运动的活动物体，每一个虚拟物体的几何模型往往都由成千上万个基本几何元素组成，虚拟环境的几何复杂度使碰撞检测的计算复杂度大大提高，同时由于虚拟现实系统有较高实时性的要求，要求碰撞检测必须在很短的时间内（如30～50ms）完成，因而碰撞检测成了虚拟现实系统与其他实时仿真系统的瓶颈，碰撞检测是虚拟现实系统研究的一个重要技术。

碰撞问题一般分为碰撞检测与碰撞响应两个部分，碰撞检测的任务是检测碰撞的发生及发生碰撞的位置，碰撞响应是在碰撞发生后，根据碰撞点和其他参数促使发生碰撞的对象做出正确的动作，以符合真实世界中的动态效果。由于碰撞响应涉及力学反馈、运动物理学等领域的知识，本书主要简单介绍碰撞检测问题。

一、碰撞检测的要求

在虚拟现实系统中，为了保证虚拟世界的真实性，碰撞检测应有较高的实时性和精确性。所谓实时性，基于视觉显示的要求，碰撞检测的速度一般至少要达到24Hz，而基于触觉要求，碰撞检测的速度至少要达到300Hz才能维持触觉交互系统的稳定性，只有达到1000Hz才能获得平滑的效果。

而精确性的要求则取决于虚拟现实系统在实际应用中的要求，比如对于小区漫游系统，只要近似模拟碰撞情况，此时，若两个物体之间的距离比较近，而不管实际有没有发生碰撞，都可以将其当作发生了碰撞，并粗略计算碰撞发生的位置。而对于如虚拟手术仿真、虚拟装配等系统的应用，就必须精确地检测碰撞是否发生，并实时地计算出碰撞发生的位置。

二、碰撞检测的实现方法

最原始最简单的碰撞检测方法是一种蛮力的计算方法，即对两个几何模型中的所有几何元素进行两两相交测试，尽管这种方法可以得到正确的结果，但当模型的复杂度增大时，它的计算量就会过大，这种相交测试将变得十分缓慢。这与虚拟现实系统的要求相差甚远。现有的碰撞检测算法可主要划分为两大类：层次包围盒法和空间分解法。这两种方法的目的都是尽可能地减少需要相交测试的对象对或基本几何元素对的数目。

层次包围盒法是碰撞检测算法中广泛使用的一种方法，它的基本思想是利用体积略大而几何特性简单的包围盒来近似地描述复杂的几何对象，并通过构造树状层次结构来逼近对象的几何模型，从而在对包围盒树进行遍历的过程中，通过包围盒的快速相交测试来及早地排除明显不可能相交的基本几何元素对，快速剔除不发生碰撞的元素，减少大量不必要的相交测试，而只对包围盒重叠的部分元素进行进一步的相交测试，从而加快碰撞检测的速度，提高碰撞检测效率。比较典型的包围盒类型有包围球、方向包围盒、固定方向凸包等。层次包围盒方法应用得较为广泛，适合复杂环境中的碰撞检测。

空间分解法是将整个虚拟空间划分成相等体积的单元格，只对占据同一单元格或相邻单元格的几何对象进行相交测试的方法。比较典型的方法有八叉树、四面体网、规则网等。空间分解法通常适用于稀疏的环境中分布比较均匀的几何对象间的碰撞检测。虚拟现实技术是多种技术的综合，在以上的介绍中，本书简单介绍了几种相关的关键技术，其实相关的技术还有很多，如系统集成技术，由于虚拟现实系统中包括大量的感知信息和模型，因此系统集成技术起着重要的作用，集成技术包括信息的同步技术、模型的标定技术、数据转换技术、识别与合成技术等。更多的相关技术请参考其他资料。

参 考 文 献

[1] 赵筱斌 . 虚拟现实技术及应用研究 在建筑行业中的应用 [M]. 北京：中国水利水电出版社，2014.

[2] 陈怀友，张天驰，张箐 . 虚拟现实技术 [M]. 北京：清华大学出版社，2012.

[3] 王寒 . 虚拟现实引领未来的人机交互革命 [M]. 北京：机械工业出版社，2016.